达芬奇

短视频调色与剪辑

零基础一本通

杨志 —— 著

U03377791

人民邮电出版社

北京

图书在版编目（CIP）数据

达芬奇短视频调色与剪辑零基础一本通 / 杨志著
. -- 北京 : 人民邮电出版社，2024.6
ISBN 978-7-115-64037-6

Ⅰ. ①达… Ⅱ. ①杨… Ⅲ. ①视频编辑软件 Ⅳ.
①TP317.53

中国国家版本馆CIP数据核字(2024)第062008号

内 容 提 要

本书循序渐进地讲解使用达芬奇软件进行视频剪辑、调色的方法和技巧，可以帮助读者轻松、快速地掌握达芬奇软件的操作方法。

全书共8章，主要内容包括达芬奇软件的基本操作、基础剪辑技法、对画面进行初步调色技法、对画面进行局部细调技法、通过节点对视频进行调色、使视频更具表现力的滤镜效果、为视频添加转场效果，以及制作视频字幕效果等。

本书提供了案例配套素材及专业讲师的教学视频，方便读者边学边练，提高学习效率。本书适合达芬奇软件的用户、广大短视频创作爱好者，以及有一定经验的视频剪辑师等阅读和学习。

◆ 著　　　　杨　志
责任编辑　张　贞
责任印制　周昇亮

◆ 人民邮电出版社出版发行　　北京市丰台区成寿寺路 11 号
邮编　100164　电子邮件　315@ptpress.com.cn
网址　https://www.ptpress.com.cn
涿州市般润文化传播有限公司印刷

◆ 开本：889×1194　1/32
印张：4.5　　　　　　2024 年 6 月第 1 版
字数：192 千字　　　2025 年 1 月河北第 4 次印刷

定价：39.80 元
读者服务热线：(010)81055296　印装质量热线：(010)81055316
反盗版热线：(010)81055315
广告经营许可证：京东市监广登字 20170147 号

前　言

达芬奇是一款受欢迎的调色软件，也是一款集后期制作功能于一身的视频后期处理软件。本书精选 67 个视频案例，用案例实操的方式帮助读者全面了解达芬奇软件的功能，做到学用结合。希望读者能通过学习，做到举一反三，轻松掌握这些功能，从而制作出精彩的视频效果。

本书特色

全案例式教学、实战示范：本书没有过多的枯燥理论，全书采用"案例式"教学方法，通过 67 个实用性极强的实战案例，向读者讲解使用达芬奇软件剪辑、调色的技巧。

内容新颖全面、通俗易懂：本书内容新颖、全面，且难度适当，从基础功能出发，对达芬奇的基本剪辑功能、调色功能、视频滤镜效果、视频转场效果、字幕效果等相关知识进行全方位的讲解。

附赠讲解视频、边看边学：本书提供专业讲师的讲解视频，读者不仅可以按照步骤制作视频，还可以下载观看视频讲解。

资源下载说明

本书附赠案例配套素材与教学视频，扫码添加企业微信，回复数字"64037"，即可获得配套资源的下载链接。资源下载过程中如遇到困难，可联系客服解决。

资　源　下　载

扫　描　二　维　码
下载本书配套资源

目 录 CONTENTS

第3章　初步调色：对画面进行一级调色

第4章　局部细调：对局部进行二级调色

第5章　高手进阶：通过节点对视频进行调色

第 1 章

软件入门：掌握
达芬奇的基本操作

达芬奇是一款专业的视频调色剪辑软件，它的英文名称为
DaVinci Resolve。它集视频调色、剪辑、合成、音频及字幕等功
能于一身，是常用的视频编辑软件之一。本章将带领读者了解该
软件的一些基本操作。

1.1 启动软件 认识达芬奇

使用达芬奇进行调色或剪辑之前，需要先启动达芬奇软件，进入达芬奇的工作界面。本节主要介绍启动达芬奇的操作方法。

步骤 01 在桌面上的达芬奇快捷方式图标上双击，如图 1-1 所示。

图 1-1

步骤 02 执行操作后，即可进入达芬奇启动界面，如图 1-2 所示。

图 1-2

步骤 03 稍等片刻，弹出项目管理器，双击"Untitled Project"图标，如图 1-3 所示。

图 1-3

步骤04 执行操作后，即可打开软件，进入达芬奇的"快编"界面，如图1-4所示。

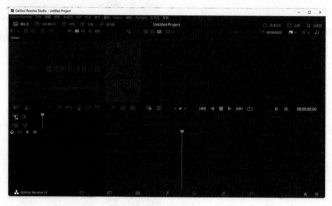

图1-4

1.2 偏好设置 界面的语言

首次启动达芬奇时，可能出现软件界面的语言为英文的情况，为了方便操作，用户可以将软件界面的语言设置为简体中文。

步骤01 启动达芬奇后，在菜单栏中执行"DaVinci Resolve"|"Preferences"命令，如图1-5所示。执行操作后，即可打开"Media Storage"对话框，如图1-6所示。

图1-5

图1-6

步骤02 在"Media Storage"对话框中切换至"User"选项卡，再单击"Language"选项右侧的下拉按钮，在弹出的下拉列表中选择"简体中文"选项，然后单击"Save"按钮保存设置，如图1-7所示。

图1-7

步骤 03 设置完成后，界面将弹出"Preferences Updated"提示框，在提示框中单击"OK"按钮，如图 1-8 所示。执行该操作后，重启达芬奇，界面中的语言将变为简体中文。

图 1-8

1.3 新建项目 浪漫情人节

启动达芬奇后，会进入项目管理器，单击"新建项目"按钮，即可新建一个项目文件。此外，用户还可以在已创建项目文件的情况下，在达芬奇的工作界面中，通过在菜单栏中执行"文件"｜"新建项目"命令，再次创建一个项目文件。

步骤 01 启动达芬奇，进入项目管理器，单击"新建项目"按钮，如图 1-9 所示。

图 1-9

步骤 02 弹出"新建项目"对话框，在文本框中输入项目名称，单击"创建"按钮，如图 1-10 所示，即可创建项目文件。

图 1-10

步骤 03 进入达芬奇的工作界面，在菜单栏中执行"文件"｜"新建项目"命令，如图 1-11 所示。

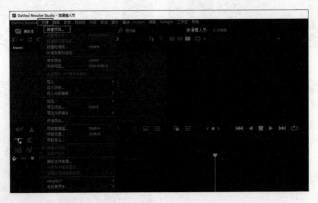

图 1-11

步骤 04 弹出"新建项目"对话框，在文本框中输入项目名称，单击"创建"按钮，如图 1-12 所示，即可再次创建一个项目文件。

图 1-12

■ 提示

当用户正在编辑的文件没有保存时，再次新建项目会弹出提示框，提示用户当前编辑的项目文件未被保存。单击"保存"按钮，即可保存项目文件；单击"不保存"按钮，将不保存项目文件；单击"取消"按钮，将取消新建项目文件的操作。

1.4 导入视频 古调文艺片

在达芬奇中，用户可以先将视频素材导入"媒体池"面板中，再将素材添加至"时间线"面板进行剪辑。下面介绍具体的操作步骤。图 1-13 所示为导入的视频文件的效果。

图 1-13

步骤 01 新建"古调文艺片"项目文件，进入"快编"界面，在界面底部的导航栏中单击"媒体"图标，如图 1-14 所示，切换至"媒体"界面。

图 1-14

步骤 02 在左上角的"媒体存储"面板中单击对应的磁盘目录，打开存放素材的文件夹，选择"古调文艺片"素材，按住鼠标左键将其拖曳到下方的"媒体池"面板中，如图 1-15 所示。

图 1-15

步骤 03 在界面底部的导航栏中单击"剪辑"图标,如图 1-16 所示,切换至"剪辑"界面。

图 1-16

步骤 04 在"媒体池"面板中选择"古调文艺片"素材,按住鼠标左键将其拖曳至"时间线"面板中,执行操作后,系统将自动创建相应的时间线,如图 1-17 所示。

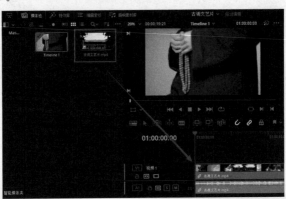

图 1-17

■ **提示**

在将素材导入"媒体池"面板中的时候,有时会弹出"更改项目帧率?"对话框,如图 1-18 所示。在对话框中若单击"更改"按钮,则会更改时间线帧率,以和素材片段帧率匹配;若单击"不更改"按钮,则不会对项目帧率进行更改。

图 1-18

1.5 导入音频 清晨的鸟鸣

在"时间线"面板中添加一个带有音频的素材文件后，系统将自动添加视频轨道和音频轨道；但若导入的素材文件属于无声素材，要想获得一个声画俱全的视频，则需另外添加音频文件。下面介绍具体的操作步骤。视频文件的效果如图 1-19 所示。

图 1-19

步骤 01 启动达芬奇，打开"清晨的鸟鸣"项目文件，在"媒体池"面板的空白处单击鼠标右键，在弹出的快捷菜单中选择"导入媒体"选项，如图 1-20 所示。

图 1-20

步骤 02 在"导入媒体"对话框中打开素材文件所在的文件夹，选择"鸟鸣"音效素材，单击"打开"按钮，如图 1-21 所示，即可将该素材添加至"媒体池"面板中。

图 1-21

步骤 03 在"媒体池"面板中选中"鸟鸣"音效素材，按住鼠标左键将其拖曳至"时间线"面板中，执行操作后，"时间线"面板中将添加一条音频轨道，如图 1-22 所示。

图 1-22

步骤 04 将鼠标指针移至音频的末端，当鼠标指针呈修剪形状时，按住鼠标左键并向左拖曳至视频结束位置，如图 1-23 所示，然后释放鼠标，即可完成调整音频时长的操作。

图 1-23

1.6 导入图片 呆萌小猫咪

在达芬奇中，用户不仅可以导入视频素材和音频素材，也可以导入图片素材，并将其添加到"时间线"面板中。下面介绍具体的操作步骤。图 1-24 所示为导入的图片素材的效果。

图 1-24

步骤01 新建"呆萌小猫咪"项目文件，进入"剪辑"界面，在"媒体池"面板的空白处单击鼠标右键，在弹出的快捷菜单中选择"导入媒体"选项，如图 1-25 所示。

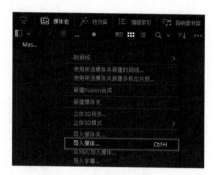

图 1-25

步骤02 在"导入媒体"对话框中打开素材文件所在的文件夹，从中选择"呆萌小猫咪"素材，单击"打开"按钮，如图 1-26 所示，即可将该素材添加至"媒体池"面板中。

图 1-26

步骤03 在"媒体池"面板中选中"呆萌小猫咪"素材，按住鼠标左键将其拖曳至"时间线"面板中，执行操作后，可以看到其默认时长为5秒，如图 1-27 所示。

图 1-27

步骤04 将鼠标指针移至图片素材的末端，待鼠标指针呈修剪形状时，按住鼠标左键向右拖曳，即可延长图片素材的持续时间，如图 1-28 所示。

图 1-28

第一章 软件入门：掌握达芬奇的基本操作

1.7 导入字幕 美味小龙虾

倘若用户平时在上网的时候遇到了一个非常喜欢的字幕，想将其应用到视频中，可直接将字幕导入达芬奇的剪辑项目中。下面介绍具体的操作步骤。图1-29所示为添加字幕后的视频效果。

图 1-29

步骤 01 启动达芬奇，打开"美味小龙虾"项目文件，进入"剪辑"界面，在"媒体池"面板的空白处单击鼠标右键，在弹出的快捷菜单中选择"导入媒体"选项，如图1-30所示。

图 1-30

步骤 02 在"导入媒体"对话框中打开素材文件所在的文件夹，选择"字幕"素材，单击"打开"按钮，如图1-31所示，即可将该素材添加至"媒体池"面板中。

图 1-31

步骤03 在"媒体池"面板中选中"字幕"素材，按住鼠标左键将其拖曳至"时间线"面板中，并置于视频素材的上方，如图1-32所示。

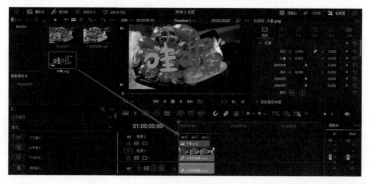

图 1-32

步骤04 在"时间线"面板中选中字幕素材，在预览窗口的左下角单击"变换"按钮 ⬚后，在预览窗口中将字幕素材旋转至合适角度，将其缩小并置于画面的右上角，如图1-33所示。

图 1-33

■ **提示**

上述案例中使用的字幕素材为PNG格式的免抠图片，所以直接使用导入图片素材的方式添加即可。除此之外，用户还可以通过在"媒体池"面板的空白处单击鼠标右键，在弹出的快捷菜单中选择"导入字幕"选项添加字幕。不过，通过该方式导入的字幕文件的格式需要是DFXP、MXF、SXT、TTML、VTT、WEBVTT或XML。

1.8 新建时间线 秋日野餐记

在达芬奇中，除了可以通过拖曳素材至"时间线"面板中来新建时间线，还可以通过"媒体池"面板新建时间线。下面介绍具体操作方法。视频文件的效果如图1-34所示。

步骤01 启动达芬奇，打开"秋日野餐记"项目文件，在"媒体池"面板的空白处单击鼠标右键，在弹出的快捷菜单中选择"时间线"|"新建时间线"选项，如图1-35所示。

图 1-34

步骤 02 弹出"新建时间线"对话框，在"时间线名称"文本框中输入时间线名称，单击"创建"按钮，如图 1-36 所示。

图 1-35

图 1-36

步骤 03 执行操作后，即可在剪辑项目中创建一个时间线。在"媒体池"面板中选中"秋日野餐记"素材，如图 1-37 所示，按住鼠标左键将其拖曳至"时间线"面板中，如图 1-38 所示。执行操作后，可以在预览窗口中查看添加的素材的画面。

图 1-37

图 1-38

1.9　视图显示　古建筑混剪

在"时间线"面板中，通过调整轨道大小，可以控制"时间线"面板显示的视图尺寸。下面介绍具体操作方法。视频文件的效果如图1-39所示。

图1-39

步骤01 启动达芬奇，打开"古建筑混剪"项目文件，进入"剪辑"界面，如图1-40所示。

步骤02 将鼠标指针移动至"时间线"面板的轨道线上，鼠标指针将呈双向箭头形状，如图1-41所示。

图1-40

图1-41

步骤03 按住鼠标左键拖曳，即可调整"时间线"面板中的视图尺寸，如图1-42所示。

图1-42

■ 提示

上述案例介绍的是调整"时间线"面板中视图尺寸的方法，如需调整其他面板中的视图尺寸，也可以使用该方法。

1.10 禁用轨道 春日百花开

在"时间线"面板中，用户可以激活或禁用轨道中的素材文件。下面介绍具体的操作方法。视频文件的效果如图 1-43 所示。

图 1-43

提示

当禁用某条轨道上的素材之后，预览窗口中不再显示该轨道上的素材的画面。

步骤 01 启动达芬奇，打开"春日百花开"项目文件，进入"剪辑"界面。在"时间线"面板中，单击"禁用视频轨道"按钮▣，即可禁用视频轨道上的素材，如图 1-44 和图 1-45 所示。

图 1-44

图 1-45

步骤 02 执行操作后，监视器中的画面将无法播放，单击"启用视频轨道"按钮▨，即可激活视频轨道上的素材，如图 1-46 和图 1-47 所示。

图 1-46

图 1-47

1.11　移动轨道　唯美火烧云

在达芬奇中，当"时间线"面板中的视频轨道有一条以上时，可以上下移动素材。下面介绍具体操作方法。视频文件的效果如图1-48所示。

图1-48

步骤 01　启动达芬奇，打开"唯美火烧云"项目文件，进入"剪辑"界面。在V2轨道上单击鼠标右键，在弹出的快捷菜单中选择"上移轨道"选项，如图1-49所示。

步骤 02　执行操作后，V2轨道和V3轨道上的素材将被互换位置，如图1-50所示。

图1-49

图1-50

步骤 03　在"时间线"面板中选中V1轨道上的素材，按Delete键删除。执行操作后，V1轨道将变成一条空白轨道，如图1-51所示。

步骤 04　在"时间线"面板上单击鼠标右键，在弹出的快捷菜单中选择"删除空白轨道"选项，如图1-52所示。执行操作后，即可将"时间线"面板中的空白轨道删除。

图1-51

图1-52

1.12 轨道颜色 雨中青柠檬

在达芬奇的"时间线"面板中,视频轨道上的素材默认为蓝色,用户可以更改轨道上素材显示的颜色。下面介绍具体操作方法。视频文件的效果如图 1-53 所示。

图 1-53

步骤 01 启动达芬奇,打开"雨中青柠檬"项目文件,进入"剪辑"界面,在"时间线"面板中可以查看视频轨道上素材显示的颜色,如图 1-54 所示。

步骤 02 在视频轨道上单击鼠标右键,在弹出的快捷菜单中选择"更改轨道颜色"|"绿色"选项,如图 1-55 所示。

图 1-54

图 1-55

步骤 03 执行操作后,即可更改轨道上素材显示的颜色,如图 1-56所示。

图 1-56

■ 提示

用户还可以采用同样的方法,在音频轨道上单击鼠标右键,在弹出的快捷菜单中选择"更改轨道颜色"选项,在弹出的子菜单中选择需要使用的颜色,修改音频轨道上素材显示的颜色。

1.13　导出项目 少女与樱花

　　用户在达芬奇中完成后期编辑工作后，可以将视频以项目文件的形式从达芬奇中导出，后期需要修改时，可以直接打开项目文件进行修改。下面介绍具体的操作方法。视频文件的效果如图 1-57 所示。

图 1-57

　　步骤 01　在达芬奇中完成剪辑工作后，在菜单栏中执行"文件"|"导出项目"命令，如图 1-58 所示。

　　步骤 02　在"导出项目文件"对话框中，设置好文件名称和保存类型，单击"保存"按钮，如图 1-59 所示。

图 1-58

图 1-59

　　步骤 03　执行操作后，打开保存项目文件的文件夹，从中可以查看刚刚保存的项目，如图 1-60 所示。

图 1-60

1.14 打开项目 校园毕业季

用户需要对原先导出的项目进行修改时，可以直接打开项目文件，进入达芬奇的工作界面进行操作。下面将介绍具体的操作方法。视频文件的效果如图1-61所示。

图 1-61

步骤 01 打开"校园毕业季"项目文件所在的文件夹，如图1-62所示。

步骤 02 在文件夹中选择"校园毕业季"项目文件，单击鼠标右键，在弹出的快捷菜单中选择"打开方式"|"DaVinci Resolve"选项，如图1-63所示。

图 1-62

图 1-63

步骤 03 执行操作后，即可进入达芬奇启动界面，如图1-64所示。

图 1-64

步骤 04 稍等片刻，即可打开项目文件，进入达芬奇的"剪辑"界面，如图1-65所示，用户可以继续编辑该项目文件。

图 1-65

第 2 章

基础剪辑：调整与
编辑素材文件

在达芬奇中，用户可以对素材进行相应的编辑，使制作的视频更为生动、美观。本章主要介绍复制、插入、分割、标记及修剪等内容。通过本章的学习，读者可以掌握在达芬奇中编辑素材文件的操作方法。

2.1 复制素材 旅拍风景大片

在达芬奇中编辑素材文件时，如果一个素材需要多次使用，可以使用"复制"和"粘贴"命令来实现。下面介绍对素材进行复制操作的方法。视频文件的效果如图 2-1 所示。

图 2-1

步骤 01 启动达芬奇，打开"旅拍风景大片"项目文件，进入"剪辑"界面，在"时间线"面板中选中素材，如图 2-2 所示。

步骤 02 在菜单栏中执行"编辑"|"复制"命令，如图 2-3 所示。

图 2-2

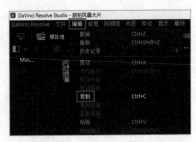

图 2-3

步骤 03 在"时间线"面板中，将时间指示器移至素材末端，如图 2-4 所示。

步骤 04 在菜单栏中执行"编辑"|"粘贴"命令，如图 2-5 所示。

图 2-4

图 2-5

步骤05 执行操作后，即可在"时间线"面板中时间指示器所在位置粘贴复制的素材，此时时间指示器会自动移至粘贴的素材的末端，如图 2-6 所示。

图 2-6

■ **提示**

除上述案例演示的操作方法外，用户还可以通过以下两种方式复制素材文件。第一种，在"时间线"面板中选中素材，按快捷键 Ctrl+C，复制素材后，移动时间指示器至合适位置，按快捷键 Ctrl+V，即可粘贴复制的素材。第二种，选中"时间线"面板中的素材，单击鼠标右键，在弹出的快捷菜单中选择"复制"选项，即可复制素材；然后移动时间指示器至合适位置，在轨道中单击鼠标右键，在弹出的快捷菜单中选择"粘贴"选项，即可粘贴复制的素材。

2.2　插入素材 时尚潮流服饰

达芬奇支持用户在原素材中间插入新素材，方便用户编辑素材文件。下面介绍具体的操作方法。视频效果如图 2-7 所示。

图 2-7

步骤01 启动达芬奇，打开"时尚潮流服饰"项目文件，进入"剪辑"界面，将时间指示器移至 01:00:04:00 处，如图 2-8 所示。

步骤02 在"媒体池"面板中，选择相应的素材 02，如图 2-9 所示。

图 2-8   图 2-9

步骤 03 在"时间线"面板的工具栏中，单击"插入片段"按钮 ，如图 2-10 所示。

步骤 04 执行操作后，即可将"媒体池"面板中选中的视频素材插入"时间线"面板的时间指示器处，如图 2-11 所示。

图 2-10   图 2-11

28

步骤 05 在"时间线"面板中为视频添加一首合适的背景音乐，并将其裁剪至和视频同长，如图 2-12 所示。

图 2-12

■提示

将时间指示器移至视频中间的任意位置，插入新的素材片段后，视频轨道中的原视频会被分割为两个视频素材。

2.3　分割素材　青春校园写真

在"时间线"面板中，用工具栏中的刀片工具可以将素材分割为多个素材片段。下面介绍具体的操作方法。视频效果如图 2-13 所示。

图 2-13

步骤 01　启动达芬奇，打开"青春校园写真"项目文件，进入"剪辑"界面。在"时间线"面板的工具栏中，单击"刀片编辑模式"按钮，如图 2-14 所示。执行操作后，鼠标指针将变成刀片工具图标，如图 2-15 所示。

图 2-14

图 2-15

步骤 02　将鼠标指针移至视频素材需要进行分割的位置，单击即可将素材分割为两个片段，如图 2-16 所示。参照上述操作方法将余下的素材分割，如图 2-17 所示。

图 2-16

图 2-17

步骤03 在"时间线"面板的工具栏中，单击"选择模式"按钮，如图 2-18 所示。在视频轨道中选中需要删除的素材片段，按 Delete 键删除，如图 2-19 所示。

图 2-18

图 2-19

步骤04 在"时间线"面板中选中素材 02，按住鼠标左键将其向左拖曳，使其衔接在素材 01 的末端。参照上述操作方法将余下 4 段素材向左拖曳，最后为视频添加一首合适的背景音乐，并将其裁剪至和视频同长，如图 2-20 所示。

图 2-20

2.4 替换素材 春游快闪视频

在达芬奇的"剪辑"界面中编辑视频时，用户可以根据需要对素材文件进行替换操作，使制作的视频更加符合自己的需求。下面介绍将素材替换成其他素材的操作方法。视频效果如图 2-21 所示。

图 2-21

步骤01 启动达芬奇，打开"春游快闪视频"项目文件，在视频轨道中选择需要替换的素材 01，如图 2-22 所示。

步骤02 在"媒体池"面板中选中素材 02，如图 2-23 所示。

图 2-22   图 2-23

步骤 03 在菜单栏中执行"编辑"|"替换"命令，如图 2-24 所示。

步骤 04 执行操作后，即可替换"时间线"面板中的视频素材，如图 2-25 所示。在预览窗口中可以预览替换的素材的画面效果。

图 2-24   图 2-25

■ 提示

在"媒体池"面板中选择需要替换的素材文件，单击鼠标右键，在弹出的快捷菜单中选择"替换所选片段"选项，弹出"替换所选片段"对话框，在对话框中选择替换的视频素材并双击，即可快速替换"媒体池"面板中的素材文件。

2.5 覆盖素材 古装美人视频

当不再需要原视频素材中的部分视频片段时，可以使用达芬奇软件的"覆盖片段"功能，用一段新的视频素材覆盖原视频素材中不需要的部分，不需要剪辑和删除，也不需要替换，就能轻松处理。下面介绍覆盖素材文件的操作方法。视频效果如图 2-26 所示。

图 2-26

步骤 01 启动达芬奇，打开"古装美人视频"项目文件，进入"剪辑"界面。在"时间线"面板中将时间指示器移至01:00:12:04处，如图2-27所示。

步骤 02 在"媒体池"面板中，选择素材02，如图2-28所示。

 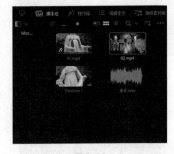

图 2-27   图 2-28

步骤 03 在"时间线"面板的工具栏中，单击"覆盖片段"按钮，如图2-29所示，即可在视频轨道中插入所选的视频素材，如图2-30所示。

图 2-29   图 2-30

步骤 04 执行操作后，再为视频添加一首合适的背景音乐，并将其裁剪至和视频同长，如图2-31所示。

图 2-31

2.6 添加标记 萌娃写真相册

在达芬奇的"剪辑"界面中，标记主要用来记录视频中的某个画面，使用户更加方便地对视频进行编辑。下面介绍利用标记剪辑视频的操作方法。视频效果如图2-32所示。

图 2-32

步骤 01 启动达芬奇，打开"萌娃写真相册"项目文件，进入"剪辑"界面。在"时间线"面板中将时间指示器移至01:00:00:19（音频的节奏点）处，如图 2-33 所示。

步骤 02 选中音频素材，在"时间线"面板的工具栏中，单击"标记"按钮▣，如图 2-34 所示。

图 2-33

图 2-34

步骤 03 执行操作后，即可在音频的01:00:00:19处添加一个蓝色标记，如图 2-35 所示。在预览窗口中可以查看标记处的素材画面，如图 2-36 所示。

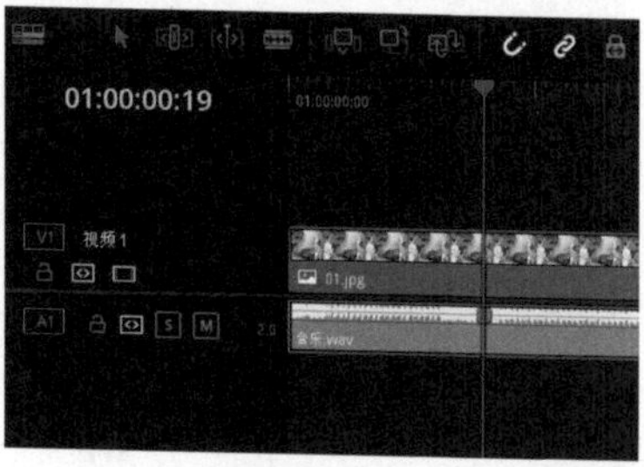

图 2-35

图 2-36

步骤04 参照上述操作方法，在01:00:02:11、01:00:04:03、01:00:05:18、01:00:07:10、01:00:09:01、01:00:10:15处添加标记点，如图 2-37所示。将时间指示器移至第一个标记的位置，在"时间线"面板的工具栏中，单击"刀片编辑模式"按钮 ，鼠标指针将变成刀片工具图标，在时间指示器处单击，将素材01一分为二，如图 2-38所示。

图 2-37　　　　　　　　　　　图 2-38

步骤05 选中分割出来的后半段素材，按Delete键删除，如图 2-39所示。在视频轨道中选中空白区域，按Delete键删除，素材02将自动衔接在素材01的末端，如图 2-40所示。

图 2-39　　　　　　　　　　　图 2-40

步骤06 参照步骤04和步骤05的操作方法对余下素材进行分割，如图 2-41所示。执行操作后，将音频素材裁剪至和视频同长，如图 2-42所示。

图 2-41　　　　　　　　　　　图 2-42

2.7 分离音频 新疆天山雪景

在应用达芬奇软件剪辑视频素材时，默认状态下，"时间线"面板中视频轨道和音频轨道中的素材处于链接状态。当用户需要单独对视频文件或音频文件进行剪辑操作时，可以通过断开链接来分离视频文件和音频文件，对其执行单独的操作。下面介绍断开视频与音频链接的操作方法。视频效果如图 2-43 所示。

图 2-43

步骤 01 启动达芬奇，打开"新疆天山雪景"项目文件，进入"剪辑"界面。在"时间线"面板中选中视频素材，可以发现视频和音频处于链接状态，且缩略图上显示了链接图标，如图 2-44 所示。

步骤 02 在"时间线"面板中选中素材文件，单击鼠标右键，在弹出的快捷菜单中选择"链接片段"选项，如图 2-45 所示，取消勾选。

图 2-44

图 2-45

步骤 03 执行操作后，即可断开视频和音频的链接。在"时间线"面板中选中音频素材，按 Delete 键删除，如图 2-46 所示。

步骤 04 在"媒体池"面板中选择音频素材，将其拖曳至"时间线"面板中，并裁剪至和视频同长，如图 2-47 所示。

图 2-46

图 2-47

除了上述分离视频与音频的方法，用户也可以在导入素材时，按住Alt键，在"媒体池"面板中将素材拖曳至视频轨道，以分离视频与音频。

2.8 修剪编辑 春日繁花似锦

在"时间线"面板的工具栏中，应用"修剪编辑模式"不仅可以修剪素材文件的时长区间，还可以调整素材的出入点。下面介绍应用"修剪编辑模式"修剪视频素材的操作方法。视频效果如图2-48所示。

图 2-48

步骤01 启动达芬奇，打开"春日繁花似锦"项目文件，进入"剪辑"界面。在"时间线"面板的工具栏中单击"修剪编辑模式"按钮■■，如图2-49所示。

步骤02 执行操作后，鼠标指针将变成修剪工具图标，将鼠标指针移至素材03的下方，按住鼠标左键向左拖曳，素材03将覆盖素材02的后半段，如图2-50所示。

图 2-49

图 2-50

步骤03 将鼠标指针移至素材03的末端，当鼠标指针呈修剪形状时，按住鼠标左键向左拖曳，即可对素材03进行修剪，如图2-51所示。

步骤04 将鼠标指针移至素材03的上方，按住鼠标左键向左（或向右）拖曳，即可调整素材的出入点，如图2-52所示。

图 2-51   图 2-52

步骤05 在"时间线"面板的工具栏中单击"选择模式"按钮▶，并将时间指示器移至视频的末端，如图 2-53 所示。

步骤06 在"时间线"面板的工具栏中，单击"刀片编辑模式"按钮▦，鼠标指针将变成刀片工具图标，在时间指示器处单击音频，将音频素材一分为二，如图 2-54 所示。执行操作后，选中分割出来的后半段音频素材，按 Delete 键删除。

图 2-53   图 2-54

2.9　滑移剪辑 户外旅行记录

在达芬奇中，动态修剪模式有滑移和滑动两种，用户可以通过按 S 键进行切换。在讲述该功能的使用方法之前，需要先介绍一下在预览窗口中倒放、停止、正放的快捷键，分别是 J 键、K 键、L 键。下面介绍通过滑移功能剪辑视频素材的操作方法。视频效果如图 2-55 所示。

图 2-55

步骤 01 启动达芬奇，打开"户外旅行记录"项目文件，进入"剪辑"界面。在"时间线"面板的工具栏中，单击"动态修剪模式（滑移）"按钮，如图 2-56 所示。执行操作后，时间指示器将变成黄色，如图 2-57 所示。

图 2-56   图 2-57

步骤 02 在视频轨道中选中素材 03，如图 2-58 所示。按正放键（J键），使视频片段向左移动至合适位置，再按停止键（K键）暂停，如图 2-59 所示。

图 2-58   图 2-59

步骤 03 将时间指示器移至视频的末端，在"时间线"面板的工具栏中，单击"刀片编辑模式"按钮。执行操作后，鼠标指针将变成刀片工具图标，将鼠标指针移动到音乐素材上，并在时间指示器的位置单击，将音乐素材分割为两段，如图 2-60 所示。

步骤 04 选中分割出来的后半段音乐素材，按 Delete 键删除，如图 2-61 所示。执行操作后，可以在监视器中查看制作的视频效果。

图 2-60   图 2-61

38

第 3 章

初步调色：对画面
进行一级调色

　　影视剧的色彩往往可以给观众留下第一印象，并在某种程度
上抒发一种情感。由于在拍摄和采集素材的过程中常会遇到一些
很难控制的环境光线，导致拍摄出来的源视频色感缺失、层次不
明，因此需要对视频进行调色处理。本章主要介绍应用达芬奇软
件对视频画面进行一级调色的操作方法。

3.1 调整曝光 蓝天白云

当素材过暗或者过亮时，用户可以在达芬奇软件中通过调节"亮度"参数调整素材的曝光。下面介绍调整视频曝光效果的操作方法。图 3-1 所示为调色前后的效果对比。

图 3-1

步骤 01　启动达芬奇，打开"蓝天白云"项目文件，如图 3-2 所示。

步骤 02　在预览窗口中可以查看打开项目的效果，如图 3-3 所示，视频画面整体偏暗。

图 3-2　　　　　　　　　　　　　　　　图 3-3

步骤 03　切换至"调色"界面，在左上角单击"LUT库"按钮，展开"LUT库"面板，如图 3-4 所示。用户可以通过该面板校正画面色彩。

步骤 04　在下方选择"Blackmagic Design"选项，展开相应选项卡，如图 3-5 所示。

图 3-4　　　　　　　　　　　　　　　　图 3-5

步骤 05　在"LUT库"面板中选择如图 3-6 所示红框中的滤镜样式并单击鼠标右键，在弹出的快捷菜单中选择"在当前节点上应用LUT"选项，即可将选择的滤镜样式添加至视频素材上。

步骤06 执行操作后，即可在预览窗口中查看色彩校正后的效果，如图3-7所示，可以看到画面明显被提亮了。

图3-6

图3-7

步骤07 在界面下方的"调色功能"面板中单击"色轮"按钮◎，展开"一级-校色轮"面板，按住"亮部"色轮下方的轮盘并向左拖曳，直至参数均显示为0.94，如图3-8所示。

图3-8

■ **提示**

用户也可以按住鼠标左键，将所选的滤镜样式拖曳至预览窗口中的视频画面上，再释放鼠标，将选择的滤镜样式添加至视频素材上。

3.2 自动平衡 风车旋转

素材画面出现色彩不平衡的情况，有可能是因为摄影机的白平衡参数设置错误，或者是因为天气、灯光等因素造成了色偏。在达芬奇中，可以根据需要应用"自动平衡"功能来调整素材画面。图3-9所示为调色前后的效果对比。

图3-9

步骤01 启动达芬奇，打开"风车旋转"项目文件，如图3-10所示。

步骤02 在预览窗口中，可以查看打开项目的效果，如图3-11所示。

图 3-10   图 3-11

步骤 03 切换至"调色"界面，单击"色轮"按钮◎，展开"一级-校色轮"面板，在面板的左上角单击"自动平衡"按钮Ⓐ，如图 3-12 所示，即可自动调整素材画面的色彩平衡。在预览窗口中可以查看调整后的画面效果。

图 3-12

3.3 镜头匹配 露水荷花

达芬奇拥有镜头匹配功能，可以对两个视频片段进行色调分析，自动匹配效果较好的视频片段。镜头匹配是每一个调色师的必学基础课，也是调色师经常会遇到的难题。对一个单独的镜头进行调色可能还算容易，但要对整个视频进行统一调色就相对较难了，这需要用到镜头匹配功能进行辅助调色。图 3-13 所示为调色前后的效果对比。

图 3-13

步骤 01 启动达芬奇，打开"露水荷花"项目文件，如图 3-14 所示。

图 3-14

步骤 02 在预览窗口中，可以查看打开项目的效果，如图 3-15 所示。第一个视频素材的画面色彩已经调整完成，可以将其作为要匹配的目标片段。

图 3-15

步骤 03 切换至"调色"界面，单击"片段"按钮，展开片段预览区，选择素材 02，如图 3-16 所示。

步骤 04 在素材 01 的缩略图上单击鼠标右键，在弹出的快捷菜单中选择"与此片段进行镜头匹配"选项，如图 3-17 所示。执行操作后，在预览窗口中可以预览素材 02 镜头匹配后的画面效果。

图 3-16

图 3-17

第3章 初步调色：对画面进行一级调色

3.4　一级校色轮　秀丽风景

达芬奇的"一级-校色轮"面板中一共有4个色轮，从左至右分别是暗部、中灰、亮部、偏移，顾名思义，分别用来调整素材画面的阴影部分、中间灰色部分、高光部分及色彩偏移部分。下面介绍具体操作方法。图3-18所示为调色前后的效果对比。

图 3-18

步骤 01　启动达芬奇，打开"秀丽风景"项目文件，如图 3-19 所示。

步骤 02　在预览窗口中，可以查看打开项目的效果，如图 3-20 所示。

图 3-19

图 3-20

步骤 03　切换至"调色"界面，单击"色轮"按钮⊙，展开"一级-校色轮"面板，将鼠标指针移至"暗部"色轮下方的轮盘上，按住鼠标左键并向左拖曳，直至色轮下方的参数均显示为 -0.01。参照上述操作方法将"中灰"色轮的参数均调整至 -0.01，将"亮部"色轮的参数均调整至 0.98，如图 3-21 所示。

图 3-21

步骤04 选中"偏移"色轮中心的白色圆圈，按住鼠标左键并向红色方向拖曳至合适位置后释放鼠标，调整偏移参数，如图 3-22 所示。执行操作后，在预览窗口中可以查看最终效果。

图 3-22

3.5 一级校色条 蝴蝶飞舞

达芬奇的"一级-校色条"面板中一共有 3 组色条，其作用与"一级-校色轮"面板中的色轮的作用是一样的，并且与色轮是联动关系。当用户调整色轮参数时，色条参数会随之改变；反之，当用户调整色条参数时，色轮参数也会随之改变。图 3-23 所示为调色前后的效果对比。

图 3-23

步骤01 启动达芬奇，打开"蝴蝶飞舞"项目文件，如图 3-24 所示。
步骤02 在预览窗口中，可以查看打开项目的效果，如图 3-25 所示。

图 3-24

图 3-25

步骤 03 切换至"调色"界面，单击"色轮"按钮⊙，展开"一级-校色轮"面板，在面板的右上角单击"校色条"按钮▥，展开"一级-校色条"面板，如图 3-26 所示。

图 3-26

步骤 04 将鼠标指针移至"暗部"色条下方的轮盘上，按住鼠标左键并向左拖曳，直至该色条下方的参数均显示为 - 0.02。参照上述操作方法将"中灰"色条下方的参数均调整为 - 0.02，如图 3-27 所示。

图 3-27

步骤 05 将鼠标指针移至"亮部"绿色色条上，按住鼠标左键并向上拖曳，直至参数显示为1.27。参照上述操作方法将"偏移"绿色色条的参数调整为30.20，如图 3-28 所示。执行操作后，在预览窗口中可以查看最终效果。

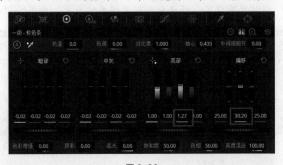

图 3-28

3.6 Log 色轮 落日晚霞

Log 色轮可以保留素材画面中暗部和亮部的细节，为后期调色提供了很大的空间。达芬奇的"一级-Log 色轮"面板中一共有 4 个色轮，分别是阴影、中间调、高光、偏移。在应用 Log 色轮调色时，可以展开"示波器"面板查看素材波形状况，配合示波器对素材进行调色处理。图 3-29 所示为调色前后的效果对比。

图 3-29

步骤 01　启动达芬奇，打开"落日晚霞"项目文件，如图 3-30 所示。
步骤 02　在预览窗口中，可以查看打开项目的效果，如图 3-31 所示。

图 3-30

图 3-31

步骤 03　切换至"调色"界面，展开"分量图"示波器面板，在其中可以查看素材波形状况，如图 3-32 所示，可以看到波形分布比较均匀，无偏色状况。

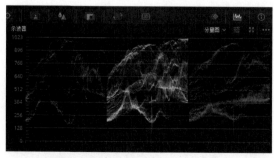

图 3-32

步骤 04 单击"Log色轮"按钮，展开"一级-Log色轮"面板，如图 3-33 所示。

图 3-33

步骤 05 将素材的阴影部分降低，将鼠标指针移至"阴影"色轮下方的轮盘上，按住鼠标左键并向左拖曳，直至色轮下方的参数均显示为 −0.04，如图 3-34 所示。

图 3-34

步骤 06 执行操作后，再调整素材高光部分的光线，选中"高光"色轮中心的白色圆圈，按住鼠标左键的同时往红色方向拖曳，直至参数分别显示为 0.16、−0.03、−0.13，释放鼠标，如图 3-35 所示。可以看见提高了红色亮度，画面呈现出了红色暖色调。

图 3-35

步骤 07 将鼠标指针移至"中间调"色轮下方的轮盘上，按住鼠标左键并向右拖曳，直至参数均显示为0.10，如图 3-36 所示。

图 3-36

步骤 08 执行操作后，选中"偏移"色轮中心的白色圆圈，按住鼠标左键并向红色方向拖曳，直至参数分别为46.33、20.16、9.81，如图 3-37 所示。

图 3-37

步骤 09 完成操作后，"示波器"面板中的蓝色波形明显降低了，而红色波形则明显上升了，如图 3-38 所示。在预览窗口中可以查看调整后的视频画面效果。

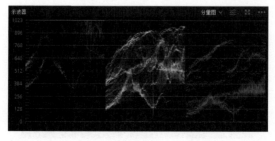

图 3-38

3.7 红色输出 城市夕阳

在"RGB混合器"面板中，"红色输出"颜色通道的3个滑块控制条的默认比例为1:0:0，当增大红色滑块控制条的参数时，绿色和蓝色滑块控制条的参数并不会发生变化，但用户可以在"示波器"面板中看到绿色和蓝色波形等比例混合下降。图3-39所示为调色前后的效果对比。

图 3-39

步骤01 启动达芬奇，打开"城市夕阳"项目文件，如图3-40所示。

步骤02 在预览窗口中，可以查看打开项目的效果，如图3-41所示。

图 3-40

图 3-41

步骤03 切换至"调色"界面，在"示波器"面板中查看素材波形状况，如图3-42所示，可以看到红色、绿色及蓝色波形。

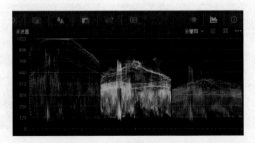

图 3-42

步骤04 单击"RGB混合器"按钮 ，切换至"RGB混合器"面板，如图3-43所示。

图 3-43

步骤 05 将鼠标指针移至"红色输出"颜色通道的红色滑块控制条上，按住鼠标左键并向上拖曳，直至参数显示为1.18，如图3-44所示。

图 3-44

步骤 06 "示波器"面板中，可以看到增加红色值后，红色波形波峰上升，而绿色和蓝色波形波峰则明显下降，如图 3-45 所示。在预览窗口中可以查看调整后的视频画面效果。

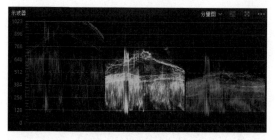

图 3-45

■■ **提示**

在"调色"界面中，"RGB混合器"面板非常实用。"RGB混合器"面板中有"红色输出""绿色输出""蓝色输出"3组颜色通道，每组颜色通道都有3个滑块控制条，可以帮助用户对素材画面中的某一个颜色进行准确调节，并且不影响画面中的其他颜色。"RGB混合器"面板还具有为黑白的单色素材调整RGB比例参数的功能，并且在默认状态下，会自动开启"保留亮度"功能，在调节颜色通道时保持亮度值不变，为用户后期调色提供了很大的创作空间。

3.8　绿色输出　狗尾巴草

在"RGB混合器"面板中，"绿色输出"颜色通道的3个滑块控制条的默认比例为0:1:0，当素材画面中的绿色成分过多或者需要在画面中增加绿色时，便可以通过该颜色通道调节素材画面色彩。图3-46所示为调色前后的效果对比。

图 3-46

步骤 01　启动达芬奇，打开"狗尾巴草"项目文件，如图3-47所示。

步骤 02　在预览窗口中，可以查看打开项目的效果，如图3-48所示。可以看到素材画面中的绿色成分过少，需要增加绿色。

图 3-47

图 3-48

步骤 03　切换至"调色"界面，在"示波器"面板中查看图像波形状况，如图3-49所示。

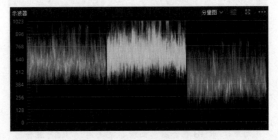

图 3-49

步骤 04　切换至"RGB混合器"面板，将鼠标指针移至"绿色输出"颜色通道的绿色滑块控制条上，按住鼠标左键并向上拖曳，直至参数显示为1.09，如图3-50所示。

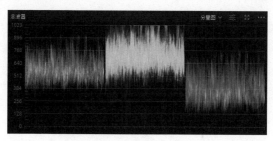

图 3-50

步骤 05 执行操作后，在"示波器"面板中可以看到，在增大绿色值后，红色和蓝色波形明显降低，如图 3-51 所示。在预览窗口中可以查看调整后视频画面效果。

图 3-51

第 4 章

局部细调：对局部
进行二级调色

　　二级调色是在一级调色的基础上，对素材的局部画面进行细节处理，例如处理物品颜色突出、人物肤色深浅不一等问题，去除杂物，抠像等，并对素材画面进行色彩处理，保证整体色调统一。

4.1 自定义曲线 艳丽花朵

"曲线-自定义"面板主要由两个板块组成，左边是曲线编辑器，右边是曲线参数控制器。在曲线上拖曳控制点，只会影响两个控制点之间的曲线。通过调节曲线的位置，可以调整素材画面中的色彩浓度和明暗对比度。图 4-1 所示为调色前后的效果对比。

图 4-1

步骤 01 启动达芬奇软件，打开"艳丽花朵"项目文件，如图 4-2 所示。

步骤 02 在预览窗口中，查看打开项目的效果，如图 4-3 所示，可以发现画面中的花朵色泽浓郁，可以适当将其调淡一些，使画面更为恬淡、静雅。

图 4-2

图 4-3

步骤 03 切换至"调色"界面，在自定义曲线上的合适位置单击，在曲线上添加一个控制点，如图 4-4 所示。

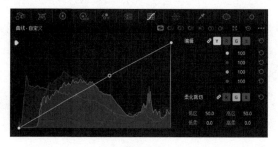

图 4-4

步骤 04 按住鼠标左键并向上拖曳控制点，同时观察预览窗口中画面色彩的变化，至合适位置后释放鼠标，如图 4-5 所示。执行操作后，可以在预览窗口中查看最终的画面效果。

图 4-5

■■■提示

曲线编辑器中的横坐标表示画面的明暗程度，最左边为暗（黑色），最右边为明（白色），纵坐标表示色调。曲线编辑器中有一条对角白线，在白线上单击可以添加控制点，以此线为界限，往左上范围拖曳控制点，可以提高画面的亮度，往右下范围拖曳控制点，可以降低画面的亮度，可以理解为左上为明，右下为暗。当需要删除控制点时，在控制点上单击鼠标右键即可。曲线参数控制器中有Y、R、G和B这4个颜色按钮，分别对应按钮下方的4个曲线调节通道，可以通过左右拖曳Y、R、G、B通道上的圆点滑块调整色彩参数。面板中有一个联动按钮，默认状态下该按钮处于开启状态，拖曳任意一个通道上的滑块，会同时改变其他3个通道的参数。只有将联动按钮关闭，才可以在面板中单独选择某一个通道进行调整操作。在下方的"柔化裁切"选项区中，可以通过输入数值或单击参数文本框后，向左拖曳减小数值或者向右拖曳增大数值，来调节RGB柔化高低。

4.2 色相 VS 色相 花朵变色

在"曲线-色相对色相"面板中，曲线为水平线，从左向右的色彩范围为红色、绿色、蓝色、红色，曲线左右两端为同一色相，可以通过调节控制点，将素材画面中的色相变成另一种色相。图 4-6 所示为调色前后的效果对比。

图 4-6

步骤01 启动达芬奇软件，打开"花朵变色"项目文件，如图4-7所示。

步骤02 在预览窗口中，查看打开项目的效果，如图 4-8所示，可以看到画面中的花朵是红色的。

图 4-7   图 4-8

步骤03 切换至"调色"界面，在"曲线-自定义"面板中，单击"色相对色相"按钮，展开"曲线-色相对色相"面板，如图4-9所示。

图 4-9

步骤04 在面板的下方单击红色色块，即可在曲线编辑器的曲线上添加3个控制点，如图4-10所示。

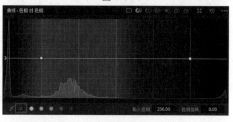

图 4-10

步骤05 选中第1个控制点，按住鼠标左键将其向右上方拖曳至合适位置后释放鼠标，如图 4-11所示，即可改变素材画面中的色相。在预览窗口中可以查看色相转变后的效果。

图 4-11

■**提示**

"曲线-色相对色相"面板的下方有6个颜色色块，单击其中任意一个颜色色块，曲线编辑器的曲线上会自动在相应色相范围内添加3个控制点，两端的控制点用来固定色相边界，中间的控制点用来调节色相。当然，两端的控制点也是可以调节的，用户可以根据需求调节相应控制点。

4.3　色相 VS 饱和度 秋季落叶

"曲线-色相 对 饱和度"面板与"曲线-色相 对 色相"面板相差不大，但制作出来的效果却是不一样的。"曲线-色相 对 饱和度"面板可以校正画面中色相过度饱和或不够饱和的状况。图 4-12 所示为调色前后的效果对比。

图 4-12

步骤 01 启动达芬奇软件，打开"秋季落叶"项目文件，如图 4-13 所示。

步骤 02 在预览窗口中，查看打开项目的效果，如图 4-14 所示。可以看到画面中树叶的颜色不够饱和，需要通过"曲线-色相 对 饱和度"面板调整画面中黄色的饱和度。

图 4-13

图 4-14

步骤 03 切换至"调色"界面，在"曲线-自定义"面板中，单击"色相对 饱和度"按钮，展开"曲线-色相 对 饱和度"面板，如图 4-15 所示。

图 4-15

步骤 04 在面板的下方单击黄色色块，即可在曲线上添加3个控制点，如图 4-16所示。

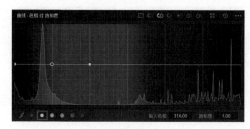

图 4-16

步骤 05 选中第2个控制点，按住鼠标左键将其向左上方拖曳，至合适位置后释放鼠标，如图 4-17所示。执行操作后，可以在预览窗口中查看最终的画面效果。

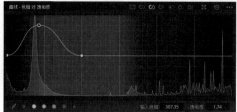

图 4-17

4.4 亮度 VS 饱和度 城市灯光

"曲线-亮度 对 饱和度"面板主要是在画面原本色调的基础上进行调整，而不是在色相范围的基础上进行调整。在"曲线-亮度 对 饱和度"面板中，横轴的左边为黑色，表示画面中的阴影部分；横轴的右边为白色，表示画面中的高光部分。以水平曲线为界，上下拖曳曲线上的控制点，可以提高或降低指定区域的饱和度。使用"曲线-亮度 对 饱和度"面板调色，可以根据需求在画面的阴影处或明亮处调整饱和度。图 4-18所示为调色前后的效果对比。

图 4-18

步骤 01 启动达芬奇，打开"城市灯光"项目文件，如图 4-19所示。

步骤 02 在预览窗口中，查看打开项目的效果，如图 4-20 所示，可以看到画面中的灯光偏暗，因此需要将高光部分的饱和度调高。

图 4-19   图 4-20

步骤 03 切换至"调色"界面，在"曲线-自定义"面板中，单击"亮度对饱和度"按钮，展开"曲线-亮度对饱和度"面板，如图 4-21 所示。

图 4-21

步骤 04 将鼠标指针移至水平曲线上的合适位置，单击即可在曲线上添加一个控制点，如图 4-22 所示。

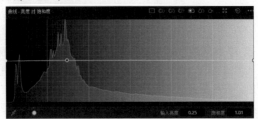

图 4-22

步骤 05 选中添加的控制点并将其向上拖曳，直至"输入亮度"参数显示为 0.25、"饱和度"参数显示为 1.61，如图 4-23 所示。执行操作后，在预览窗口中可以查看调节后的效果。

图 4-23

4.5 饱和度 VS 饱和度 彩色睡莲

"曲线-饱和度 对 饱和度"面板也是在画面原本色调的基础上进行调整，主要用于调节画面中过度饱和及饱和度不够的区域。在"曲线-饱和度 对 饱和度"面板中，横轴的左边为画面中的低饱和区，横轴的右边为画面中的高饱和区。以水平曲线为界，上下拖曳曲线上的控制点，可以提高或降低指定区域的饱和度。图 4-24 所示为调色前后的效果对比。

图 4-24

步骤 01 启动达芬奇软件，打开"彩色睡莲"项目文件，如图 4-25 所示。在预览窗口中，查看打开项目的效果，如图 4-26 所示。

图 4-25

图 4-26

步骤 02 切换至"调色"界面，在"曲线-自定义"面板中，单击"饱和度 对 饱和度"按钮，展开"曲线-饱和度 对 饱和度"面板，如图 4-27 所示。

图 4-27

步骤 03 在水平曲线的中间位置单击添加一个控制点，以此为分界点，左边为低饱和区，右边为高饱和区，如图 4-28 所示。

图 4-28

■ 提示

在"曲线-饱和度 对 饱和度"面板中的水平曲线上添加一个控制点作为分界点,这样在调节低饱和区时,不会影响高饱和区;反之,在调节高饱和区时,不会影响低饱和区。

步骤 04　在低饱和区的曲线上单击,添加一个控制点,如图 4-29所示。

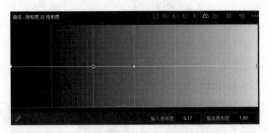

图 4-29

步骤 05　选中上一步添加的控制点并向上拖曳,直至"输入饱和度"参数显示为 0.17、"输出饱和度"参数显示为 1.88,如图 4-30所示。在预览窗口中可以查看提高饱和度后的效果。

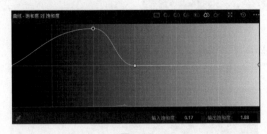

图 4-30

4.6　HSL 限定器 橙子变色

HSL限定器主要通过"拾取器"工具并根据图像的色相、饱和度及亮度来进行抠像。当用户使用"拾取器"工具在图像上进行色彩取样时,HSL限定器会自动对选取部分的色相、饱和度及亮度进行综合分析。下面将以案例的形式介绍使用 HSL 限定器创建选区进行抠像调色的方法。图 4-31 所示为调色前后的效果对比。

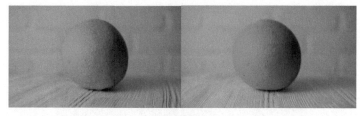

图 4-31

步骤01 启动达芬奇，打开"橙子变色"项目文件，如图 4-32 所示。

步骤02 在预览窗口中，可以查看打开项目的效果，如图 4-33 所示。画面中的橙子为黄色，可以使用 HSL 限定器，在不改变画面中其他部分的情况下，将橙子变为橘色。

图 4-32

图 4-33

步骤03 切换至"调色"界面，单击"限定器"按钮 ，展开"限定器 -HSL"面板，如图 4-34 所示。

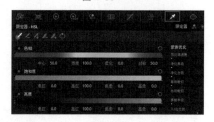

图 4-34

步骤04 将鼠标指针移至界面左上方，单击"突出显示"按钮 ，如图 4-35 所示。在预览窗口中，按住鼠标左键拖曳选取黄色区域，此时未被选取的区域呈灰色，如图 4-36 所示。

图 4-35

图 4-36

步骤 05 完成抠像后，切换至"曲线-色相 对 色相"面板，单击黄色色块，在曲线上添加3个控制点，并将第2个和第3个控制点向上拖曳，直至"输入色相"参数显示为316.18、"色相旋转"参数显示为21.60，如图 4-37 所示。

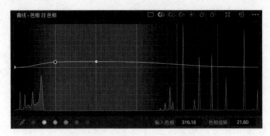

图 4-37

步骤 06 执行操作后，即可将橙子变为橘色，再次单击"突出显示"按钮，如图 4-38 所示，可以恢复未被选取的区域的颜色，查看最终画面效果。

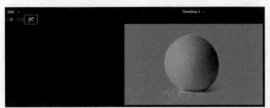

图 4-38

4.7 RGB 限定器 青青草地

RGB 限定器主要根据红色、绿色、蓝色3个颜色通道的范围和柔化程度来进行抠像，它可以很好地帮助用户处理图像上 RGB 色彩分离的情况。下面将介绍具体的操作方法。图 4-39 所示为调色前后的效果对比。

图 4-39

步骤 01 启动达芬奇软件，打开"青青草地"项目文件，如图 4-40 所示。

步骤 02 在预览窗口中，可以查看打开项目的效果，如图 4-41 所示。画面中的草地有些泛黄，可以使用 RGB 限定器，在不改变画面中其他部分的情况下，将草地变绿。

图 4-40	图 4-41

步骤 03 切换至"调色"界面，单击"限定器"按钮 ，展开"限定器 -HSL"面板，在该面板中单击"RGB"按钮 ，展开"限定器 -RGB"面板，如图 4-42 所示。

图 4-42

步骤 04 将鼠标指针移至界面左上方，单击"突出显示"按钮 ，如图 4-43 所示。在预览窗口中，按住鼠标左键拖曳，选取草地区域，此时未被选取的区域呈灰色，如图 4-44 所示。

图 4-43	图 4-44

步骤 05 完成抠像后，展开"一级 - 校色轮"面板，在面板的下方设置"阴影"参数为 51.00、"饱和度"参数为 80.00、"色相"参数为 45.00，如图 4-45 所示。执行操作后，在预览窗口中可以查看画面的最终效果。

图 4-45

4.8 亮度限定器 雨夜路灯

亮度限定器与HSL限定器相应面板中的布局有些类似，差别在于亮度限定器相应面板中的色相和饱和度两个通道是禁止使用的，也就是说，亮度限定器只能通过亮度通道来分析素材画面中被选取的画面。下面将介绍具体的操作方法。图4-46所示为调色前后的效果对比。

图 4-46

步骤01 启动达芬奇，打开"雨夜路灯"项目文件，如图4-47所示。

步骤02 在预览窗口中，可以查看打开项目的效果，如图4-48所示。画面过于昏暗，需要提高画面中灯光的亮度。

图 4-47

图 4-48

步骤03 切换至"调色"界面，展开"限定器-HSL"面板，在面板中单击"亮度"按钮❄，展开"限定器-亮度"面板，如图4-49所示。

图 4-49

步骤04 将鼠标指针移至界面左上方，单击"突出显示"按钮❄，如图4-50所示。在预览窗口中单击，选取画面中最亮的一处，同时相同亮度范围内的画面区域也会被选取，如图4-51所示。

图 4-50　　　　　　　　　　　　　　图 4-51

步骤 05　　完成抠像后，切换至"一级-校色轮"面板，选中"亮部"色轮下方的轮盘，按住鼠标左键并向右拖曳直至参数均显示为 7.71，再在面板的上方设置"色温"参数为 500.0，在面板的下方设置"高光"参数为 100.00，如图 4-52 所示。执行操作后，在预览窗口中可以查看最终效果。

图 4-52

■■ 提示

用户可以根据需要拖曳亮度通道中的滑块，以扩大或缩小亮部的选取范围。同理，使用 HSL 限定器和 RGB 限定器创建选区进行抠像时，也可以通过拖曳通道中的滑块调整相应的选取范围。

4.9　3D 限定器　玫瑰花开

在达芬奇中，使用 3D 限定器对素材画面进行抠像调色，只需要在"检查器"面板的预览窗口中画一条线，选取需要进行抠像的素材画面，即可创建 3D 键控。对选取的画面的色彩进行取样后，即可对采集到的颜色根据亮度、色相、饱和度等进行调整。图 4-53 所示为调色前后的效果对比。

图 4-53

步骤01 启动达芬奇，打开"玫瑰花开"项目文件，如图 4-54 所示。在预览窗口中，可以查看打开项目的效果，如图 4-55 所示。

图 4-54　　　　　　　　　　　　　　　　图 4-55

步骤02 切换至"调色"界面，单击"限定器"按钮 ✕，展开"限定器 -HSL"面板，在该面板中单击"3D"按钮 ✕，展开"限定器 -3D"面板，如图 4-56 所示。

图 4-56

步骤03 在"限定器 -3D"面板中，单击"拾取器"按钮 ✕，在预览窗口的色彩画面上画一条线，如图 4-57 所示。

步骤04 执行操作后，即可将采集到的颜色显示在"限定器 -3D"面板中，创建色块选区，如图 4-58 所示。

图 4-57　　　　　　　　　　　　　　　　图 4-58

步骤05 在"检查器"面板的左上方，单击"突出显示"按钮 ✕，在预览窗口中可以查看被选取的区域画面，如图 4-59 所示。

图 4-59

步骤 06 切换至"一级-校色轮"面板，选中"亮部"色轮中间的白色圆圈，按住鼠标左键向左上方的红色拖曳，至合适位置后释放鼠标，如图4-60所示。执行操作后，可以在预览窗口中查看最终效果。

图 4-60

■ 提示

3D限定器支持用户在素材画面上画多条线，每条线采集到的颜色都会显示在"限定器-3D"面板中，同时该面板中还会显示采集颜色的RGB参数值。用户如果多采集了一种颜色，可以单击采集样条右边的"删除"按钮进行清除。

4.10 遮罩蒙版 城市天空

应用"窗口"面板中的形状工具在素材画面上绘制蒙版，用户可以根据需要调整默认蒙版的大小、位置和形状。下面将介绍具体的操作方法。图 4-61所示为调色前后的效果对比。

图 4-61

步骤 01 启动达芬奇，打开"城市天空"项目文件，如图4-62所示。

步骤 02 在预览窗口中，可以查看打开项目的效果，如图4-63所示。可以将视频画面分为两部分：一部分是城市，属于阴影区域；另一部分是天空，属于明亮区域。画面中天空的颜色比较淡，没有蓝天白云的光彩，需要将明亮区域的饱和度调高一些。

图 4-62

图 4-63

步骤 03 切换至"调色"界面，单击"窗口"按钮 ⊕，展开"窗口"面板，如图 4-64 所示。

步骤 04 在"窗口"面板中选择"多边形"工具，如图 4-65 所示。

图 4-64   图 4-65

步骤 05 执行操作后，预览窗口中的素材画面上会出现一个矩形蒙版，如图 4-66 所示。

步骤 06 拖曳蒙版四周的控制柄，调整蒙版的位置和大小，如图 4-67 所示。

图 4-66   图 4-67

步骤 07 执行操作后，展开"一级-校色轮"面板，将"中灰"色轮的参数均调整至 1.07，选中"偏移"色轮中间的白色圆圈，按住鼠标左键向右下方的蓝色拖曳，至合适位置后释放鼠标，并在面板下方设置"高光"参数为 20.00，如图 4-68 所示。执行操作后，可以在预览窗口中查看最终效果。

图 4-68

4.11　跟踪对象 蝴蝶和花

在"跟踪器-窗口"面板中，"跟踪"模式可以用来锁定跟踪对象的多种运动变化。下面将介绍使用达芬奇软件的跟踪功能辅助二级调色的方法。图4-69所示为调色前后的效果对比。

图 4-69

步骤 01　启动达芬奇，打开"蝴蝶和花"项目文件，如图4-70所示。

步骤 02　在预览窗口中，可以查看打开项目的效果，如图4-71所示。下面将对画面中的花进行调色。

图 4-70

图 4-71

步骤 03　切换至"调色"界面，在"窗口"面板中选择"多边形"工具，如图4-72所示。

步骤 04　在预览窗口中，沿花的边缘绘制一个蒙版遮罩，如图4-73所示。

图 4-72

图 4-73

步骤 05　创建选区之后，切换至"曲线-色相 对 色相"面板，单击黄色色块，在曲线上添加3个控制点，并将第2个和第3个控制点向上拖曳，直至"输入色相"参数显示为17.03、"色相旋转"参数显示为21.60，如图4-74所示。

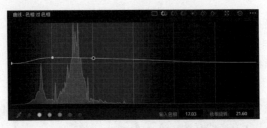

图 4-74

步骤 06 在"检查器"面板中，单击"播放"按钮▶播放视频，在预览窗口中可以看到，当画面中花的位置发生变化时，绘制的蒙版依旧停留在原处，蒙版位置没有发生任何变化，此时花与蒙版分离，调整后的效果只作用于蒙版选区，与蒙版分离的花将恢复原样，如图 4-75 所示。

图 4-75

步骤 07 单击"跟踪器"按钮，展开"跟踪器-窗口"面板，在面板的下方勾选"交互模式"复选框，单击"插入"按钮，如图 4-76 所示。

图 4-76

步骤 08 在面板的上方，单击"正向跟踪"按钮▶，如图 4-77 所示。

图 4-77

步骤 09 执行操作后，即可在曲线图上查看跟踪对象曲线的变化情况，如图 4-78 所示。

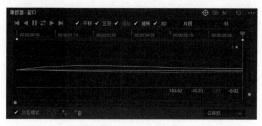

图 4-78

步骤 10 在"检查器"面板中，单击"播放"按钮▶播放视频，查看添加跟踪器后的蒙版效果，如图 4-79 所示。

图 4-79

第 5 章

高手进阶：通过节点对视频进行调色

节点是达芬奇软件中非常重要的功能之一，它可以帮助用户更好地对素材画面进行调色处理。用户灵活使用达芬奇的调色节点，可以实现各种精彩的视频效果，提高调色效率。本章主要介绍通过节点对视频进行调色的操作方法。

5.1 串行节点 唯美落日余晖

　　在达芬奇软件中，串行节点是最简单的节点组合，上层节点的 RGB 调色信息会通过 RGB 信息连接线进行传递，作用于下层节点。下面介绍使用串行节点调色的操作方法。图 5-1 所示为调色前后的效果对比。

图 5-1

步骤 01 打开"唯美落日余晖"项目文件，进入达芬奇的"剪辑"界面，如图 5-2 所示。

步骤 02 在预览窗口中，查看打开项目的效果，如图 5-3 所示。视频画面明显偏暗，地景不清晰，需要通过调色节点逐步调整，使地景更清晰。

图 5-2

图 5-3

步骤 03 切换至"调色"界面，在界面右上方单击"节点"按钮，展开"节点"面板，如图 5-4 所示。

步骤 04 切换至"曲线-自定义"面板，在曲线上的合适位置添加一个控制点，并将其拖曳至合适位置，如图 5-5 所示。

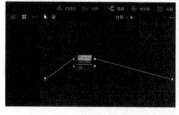

图 5-4

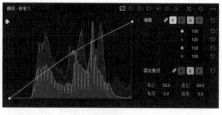

图 5-5

步骤 05 执行操作后，即可提高画面的亮度，效果如图5-6所示。

图 5-6

步骤 06 在"节点"面板中编号为01的节点上单击鼠标右键，在弹出的快捷菜单中选择"添加节点"|"添加串行节点"选项，执行操作后，即可添加一个编号为02的串行节点，如图5-7和图5-8所示。

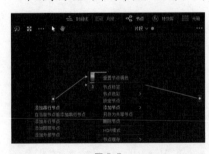

图 5-7

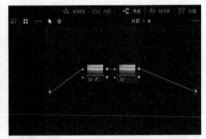

图 5-8

■提示

由于串行节点间是上下层关系，上层节点的调色效果会传递给下层节点，因此新增的02节点会保持01节点的调色效果，在01节点的调色基础上，可继续在02节点上进行调色。

步骤 07 切换至"一级 - 校色轮"面板，将"暗部"色轮和"亮部"色轮的参数分别设置为 - 0.08、1.08，如图5-9所示。

图 5-9

步骤 08 执行操作后，画面将更加明亮，色彩也更加浓郁，如图 5-10 所示。

步骤 09 在"节点"面板中，参照步骤06的操作方法添加一个编号为03的串行节点，如图 5-11 所示。

图 5-10

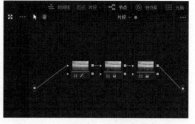

图 5-11

步骤 10 在"一级-校色轮"面板中，设置"饱和度"参数为 68.00，如图 5-12 所示。执行操作后，在预览窗口中可以查看使用串行节点调色的最终效果。

图 5-12

5.2 并行节点 巍峨万里长城

在达芬奇中，并行节点的作用是对并行节点之间的调色结果进行叠加混合。下面介绍使用并行节点调色的操作方法。图 5-13 所示为调色前后的效果对比。

图 5-13

步骤 01 打开"巍峨万里长城"项目文件，进入达芬奇的"剪辑"界面，如图 5-14 所示。

步骤 02 在预览窗口中，查看打开项目的效果，如图 5-15 所示。视频画面饱和度不够，需要提高画面饱和度，可以将画面分为森林和天空两个区域进行调色。

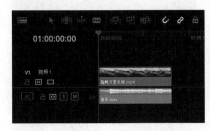

图 5-14

图 5-15

步骤 03 切换至"调色"界面，在界面右上方单击"节点"按钮，展开"节点"面板，如图 5-16 所示。

步骤 04 在"检查器"面板中，单击"突出显示"按钮 ，如图 5-17 所示。

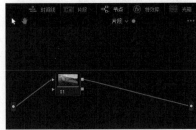

图 5-16

图 5-17

步骤 05 切换至"限定器"面板，应用"拾取器"工具在预览窗口中的画面上选取森林区域，如图 5-18 所示，未被选取的区域将呈灰色。

步骤 06 在"节点"面板中，可以查看选取森林区域后 01 节点的缩略图显示的画面效果，如图 5-19 所示。

图 5-18

图 5-19

步骤07 切换至"一级-校色轮"面板,设置"饱和度"参数为88.00,如图 5-20 所示。

图 5-20

步骤08 在"检查器"面板中,再次单击"突出显示"按钮 ☒,即可在预览窗口中查看调色后的画面效果,如图 5-21 和图 5-22 所示。

图 5-21

图 5-22

步骤09 在"节点"面板中选中 01 节点,单击鼠标右键,在弹出的快捷菜单中选择"添加节点"|"添加并行节点"选项,如图 5-23 所示。

步骤10 执行操作后,即可在 01 节点的下方和右侧分别添加一个编号为 02 的并行节点和一个"并行混合器"节点,如图 5-24 所示。

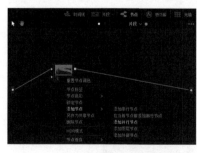

图 5-23

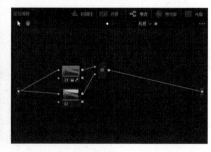

图 5-24

与串行节点不同，并行节点的RGB输入连接的是"源"图标，01节点调色后的效果并未输出到02节点上，而是输出到了"并行混合器"节点上，因此02节点显示的图像信息还是原素材的图像信息。

步骤 11　切换至"窗口"面板，选择"多边形"工具，如图5-25所示。

步骤 12　执行操作后，预览窗口中的素材画面上会出现一个矩形蒙版，拖曳蒙版四周的控制柄，调整蒙版的位置和大小，如图5-26所示。

图 5-25　　　　　　　　　　　　　　图 5-26

步骤 13　切换至"一级-校色轮"面板，设置"饱和度"参数为68.00，如图5-27所示。

图 5-27

步骤 14　在预览窗口中，可以查看天空区域的饱和度提高后的效果，如图5-28所示。

图 5-28

5.3 图层节点 清晨森林光影

在达芬奇中，图层节点的构架与并行节点相似，并行节点会将架构中每一个节点的调色结果叠加混合输出，而在图层节点的架构中，最后一个节点会覆盖上一个节点的调色结果。例如，第1个节点为红色，第2个节点为绿色，通过并行混合器输出的结果为两者叠加混合生成的黄色，而通过图层混合器输出的结果则为绿色。下面将通过一个风景视频向大家介绍使用图层节点进行柔光调整的操作方法。图5-29所示为调色前后的效果对比。

图 5-29

步骤 01 打开"清晨森林光影"项目文件，进入达芬奇的"剪辑"界面，如图5-30所示。

步骤 02 在预览窗口中，查看打开项目的效果，如图5-31所示。下面将为该视频制作柔光效果。

图 5-30

图 5-31

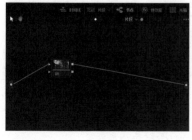

图 5-32

步骤 03 切换至"调色"界面，在界面右上方单击"节点"按钮，展开"节点"面板，如图5-32所示。

步骤 04 　展开"曲线-自定义"面板，选中曲线编辑器左上角的白色滑块，按住鼠标左键的同时向下拖曳滑块至合适位置，如图 5-33 所示。

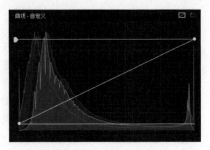

图 5-33

步骤 05 　执行操作后，即可降低画面明暗反差，效果如图 5-34 所示。

步骤 06 　在"节点"面板中的 01 节点上单击鼠标右键，在弹出的快捷菜单中选择"添加节点"|"添加图层节点"选项，如图 5-35 所示。

图 5-34

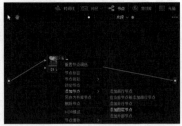

图 5-35

步骤 07 　执行操作后，即可在"节点"面板中添加一个"图层混合器"节点和一个编号为 02 的图层节点，如图 5-36 所示。

步骤 08 　在"节点"面板中的"图层混合器"节点上单击鼠标右键，在弹出的快捷菜单中选择"合成模式"|"强光"选项，如图 5-37 所示。

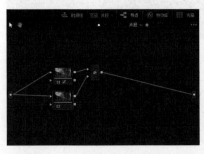

图 5-36

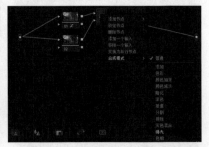

图 5-37

步骤 09 　执行操作后，即可在预览窗口中查看强光效果，如图 5-38 所示。

步骤 10 　在"节点"面板中选中 02 节点，如图 5-39 所示。

图 5-38　　　　　　　　　　　　　　图 5-39

步骤 11　展开"曲线 - 自定义"面板，在曲线上添加两个控制点并将其调整至合适位置，如图 5-40 所示。

步骤 12　执行操作后，即可对画面的明暗反差进行修正，使亮部与暗部的画面更加柔和，效果如图 5-41 所示。

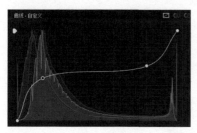

图 5-40　　　　　　　　　　　　　　图 5-41

步骤 13　展开"模糊 - 模糊"面板，向上拖曳"半径"通道控制条上的滑块，直至 RGB 参数均显示为 1.68，如图 5-42 所示。执行操作后，即可在画面中制作出柔光效果，如图 5-43 所示。

图 5-42　　　　　　　　　　　　　　图 5-43

■ **提示**

在"曲线 - 自定义"面板的曲线编辑器中，曲线的两端各有一个默认的控制点，除了可以调整在曲线上添加的控制点，也可以调整两端的两个控制点的位置来调整画面的明暗。

5.4 Alpha 通道 湖中的白天鹅

在达芬奇中，用户在"节点"面板中选择一个节点后，可以通过设置"键"面板中的参数来控制节点输入或输出 Alpha 通道信息。下面介绍使用 Alpha 通道制作暗角效果的操作方法。图 5-44 所示为调色前后的效果对比。

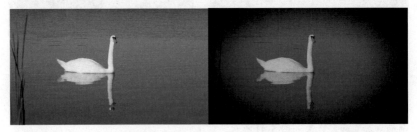

图 5-44

步骤 01 打开"湖中的白天鹅"项目文件，进入达芬奇的"剪辑"界面，如图 5-45 所示。

步骤 02 在预览窗口中，查看打开项目的效果，如图 5-46 所示。下面将为该视频制作暗角效果。

图 5-45

图 5-46

步骤 03 切换至"调色"界面，展开"窗口"面板，选择"圆形"工具，如图 5-47 所示。

图 5-47

步骤 04 在预览窗口中，拖曳圆形蒙版蓝色方框上的控制柄，调整蒙版大小和位置，如图 5-48 所示。

步骤 05 拖曳蒙版白色椭圆框上的控制柄，调整蒙版羽化区域，如图 5-49 所示。

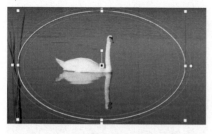

图 5-48

图 5-49

步骤 06 窗口绘制完成后，在界面右上方单击"节点"按钮，展开"节点"面板，如图 5-50 所示。

步骤 07 将 01 节点上的"键输入"图标与"源"图标相连，如图 5-51 所示。

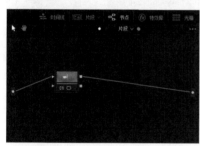

图 5-50

图 5-51

步骤 08 在"节点"面板的空白位置单击鼠标右键，在弹出的快捷菜单中选择"添加 Alpha 输出"选项，如图 5-52 所示。

步骤 09 执行操作后，即可在面板上添加一个"Alpha 最终输出"图标，如图 5-53 所示。

图 5-52

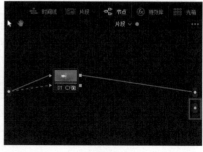

图 5-53

步骤10 将01节点上的"键输出"图标与"Alpha最终输出"图标相连，如图 5-54 所示。

步骤11 在预览窗口中，可以查看应用 Alpha 通道的初步效果，如图 5-55 所示。

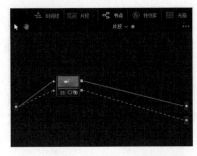

图 5-54

图 5-55

步骤12 切换至"键"面板，在"键输入"选项区中设置"增益"参数为0.783，设置"偏移"参数为 –0.068，如图 5-56 所示。执行操作后，即可在预览窗口查看最终的画面效果。

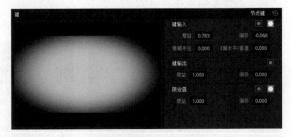

图 5-56

5.5 人物抠像 星空下的情侣

通过上一节的学习，可以了解到达芬奇是可以对含有 Alpha 通道信息的素材画面进行调色处理的。除此之外，达芬奇还可以对含有 Alpha 通道信息的素材画面进行抠像处理。图 5-57 所示为进行抠像处理前后的效果对比。

图 5-57

步骤01 打开"星空下的情侣"项目文件，进入达芬奇的"剪辑"界面，如图 5-58 所示。

步骤02 在 V1 轨道中的背景素材上双击，即可在预览窗口中查看背景素材的画面效果，如图 5-59 所示。

图 5-58

图 5-59

步骤03 在 V2 轨道中的情侣素材上双击，即可在预览窗口中查看情侣素材的画面效果，如图 5-60 所示。

步骤04 切换至"调色"界面，展开"窗口"面板，选择"曲线"工具，如图 5-61 所示。

图 5-60

图 5-61

步骤05 在预览窗口的画面上沿人物边缘绘制一个蒙版，如图 5-62 所示。

步骤06 在界面右上方单击"节点"按钮，展开"节点"面板，如图 5-63 所示。

图 5-62

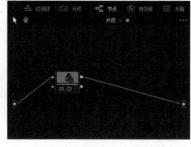

图 5-63

步骤07 在"节点"面板的空白位置单击鼠标右键，在弹出的快捷菜单中选择"添加Alpha输出"选项，如图5-64所示。

步骤08 执行操作后，即可在"节点"面板的右侧添加一个"Alpha最终输出"图标，如图5-65所示。

图 5-64　　　　　　　　　　　　　图 5-65

步骤09 将01节点上的"键输出"图标与"Alpha最终输出"图标相连，如图5-66所示。

步骤10 执行操作后，在预览窗口中可以查看素材抠像后的画面效果，如图5-67所示。

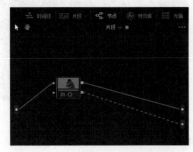　

图 5-66　　　　　　　　　　　　　图 5-67

步骤11 展开"跟踪器-窗口"面板，在面板的下方勾选"交互模式"复选框，单击"插入"按钮，再在面板的上方单击"正向跟踪"按钮。执行操作后，即可查看跟踪对象曲线的变化情况，如图5-68所示。

图 5-68

步骤 12 切换至"剪辑"界面，在预览窗口的左下角单击"变换"按钮  ，如图 5-69 所示。在预览窗口中拖曳白色方框上的控制柄，调整好情侣素材的大小和位置，如图 5-70 所示。

| 图 5-69 | 图 5-70 |

5.6 透亮人像 看风景的女孩

当拍摄出来的人像视频画面比较灰暗时，可以在达芬奇中调出清透的色调，让视频画面变得清新透亮。图 5-71 所示为调色前后的效果对比。

图 5-71

步骤 01 打开"看风景的女孩"项目文件，进入达芬奇的"剪辑"界面，如图 5-72 所示。

步骤 02 在预览窗口中，查看打开项目的效果，如图 5-73 所示，可以看到该视频的画面比较暗黄。

图 5-72

图 5-73

步骤03 切换至"调色"界面,在界面右上方单击"节点"按钮,展开"节点"面板,如图 5-74 所示。

步骤04 在"节点"面板的 01 节点上单击鼠标右键,在弹出的快捷菜单中选择"添加节点"|"添加串行节点"选项,如图 5-75 所示。

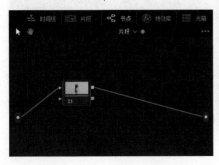

图 5-74　　　　　　　　　　　图 5-75

步骤05 执行操作后,即可在"节点"面板中添加一个编号为 02 的串行节点,如图 5-76 所示。

步骤06 在 02 节点上单击鼠标右键,在弹出的快捷菜单中选择"添加节点"|"添加图层节点"选项,如图 5-77 所示。

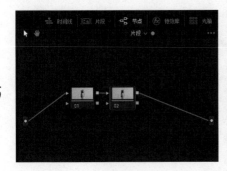

图 5-76　　　　　　　　　　　图 5-77

步骤07 执行操作后,即可在"节点"面板中添加一个"图层混合器"节点和一个编号为 03 的图层节点,如图 5-78 所示。

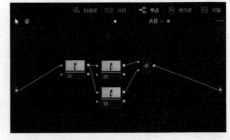

图 5-78

步骤 08 选择编号为03的节点，展开"一级-校色轮"面板，选中"亮部"色轮中间的白色圆圈，按住鼠标左键的同时往青蓝色方向拖曳至合适位置，释放鼠标。再选中"偏移"色轮中间的白色圆圈，按住鼠标左键的同时往青蓝色方向拖曳至合适位置，释放鼠标，如图5-79所示。

图 5-79

步骤 09 在预览窗口中，可以查看画面色彩调整后的效果，如图 5-80 所示。

步骤 10 在"节点"面板中，选择"图层混合器"节点，用鼠标右键单击，在弹出的快捷菜单中选择"合成模式"|"滤色"选项，如图 5-81 所示。

图 5-80

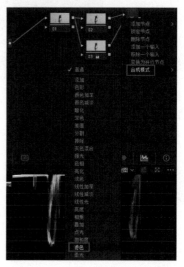

图 5-81

步骤 11 执行操作后，在预览窗口中查看应用滤色合成模式后的画面效果，如图 5-82 所示，可以看到画面有点偏亮，需要降低画面的亮度。

图 5-82

步骤 12 在"节点"面板中，选择编号为 01 的节点，如图 5-83 所示。

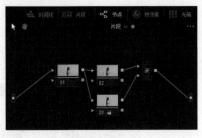

图 5-83

步骤 13 在"一级-校色轮"面板中，选中"亮部"色轮下方的轮盘，按住鼠标左键向左拖曳直至参数均显示为 0.82，如图 5-84 所示。执行操作后，在预览窗口中可以查看视频画面效果。

图 5-84

第 6 章

滤镜效果：使视频更具表现力的滤镜效果

　　滤镜是指应用到视频素材中的效果，它可以改变视频素材的外观。对视频素材进行编辑时，添加滤镜不仅可以掩饰视频素材的瑕疵，还可以令视频产生绚丽的视觉效果，使制作出来的视频更具表现力。

6.1 镜头光斑 新疆自然风光

达芬奇的"Resolve FX光线"滤镜组中有一个"镜头光斑"效果,应用该效果可以在素材画面上制作一个光斑特效。图6-1所示为添加滤镜效果前后的对比。

图6-1

步骤01 打开"新疆自然风光"项目文件,进入达芬奇的"剪辑"界面,如图6-2所示。

步骤02 在预览窗口中,查看打开项目的效果,如图6-3所示。

图6-2

图6-3

步骤03 切换至"调色"界面,在界面右上方单击"节点"按钮,展开"节点"面板,如图6-4所示。

步骤04 在界面右上方单击"特效库"按钮,展开"素材库"选项卡,在"Resolve FX光线"滤镜组中选择"镜头光斑"效果,如图6-5所示。

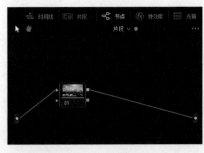

图6-4

图6-5

步骤05 按住鼠标左键，将"镜头光斑"效果拖曳至"节点"面板中的01节点上，调色提示区中会显示一个滤镜图标，表示添加的滤镜效果，如图6-6所示。

步骤06 执行操作后，在预览窗口中可以查看添加的效果，如图6-7所示。

图6-6   图6-7

步骤07 在预览窗口中，选择素材画面中的光斑，按住鼠标左键将其拖曳至合适位置，如图6-8所示。

步骤08 将鼠标指针移至光斑外面的白色光圈上，按住鼠标左键的同时向右下角拖曳，增大光斑的光晕发散范围，如图6-9所示。

图6-8   图6-9

■ **提示**

在添加滤镜效果后，系统会自动切换至"设置"选项卡，用户可以在其中根据素材图像特征对添加的滤镜效果进行微调。

6.2 人物瘦身 明媚可爱少女

达芬奇的"Resolve FX 扭曲"滤镜组中有一个"变形器"效果，该效果可以在人像上添加变形点，用户通过调整变形点可以将人像变瘦。图 6-10 所示为人物瘦身前后的效果对比。

图 6-10

步骤 01 打开"明媚可爱少女"项目文件，进入达芬奇的"剪辑"界面，如图 6-11 所示。

步骤 02 在预览窗口中，查看打开项目的效果，如图 6-12 所示。

图 6-11

图 6-12

步骤 03 切换至"调色"界面，在界面右上方单击"节点"按钮，展开"节点"面板，如图 6-13 所示。

步骤 04 在界面右上方单击"特效库"按钮，展开"素材库"选项卡，在"Resolve FX 扭曲"滤镜组中选择"变形器"效果，如图 6-14 所示。

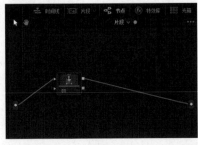

图 6-13

图 6-14

步骤 05 按住鼠标左键，将"变形器"效果拖曳至"节点"面板中的 01 节点上，调色提示区会显示一个滤镜图标，表示添加的滤镜效果，如图 6-15 所示。

步骤 06 在"检查器"面板的右上方，单击"增强检查器"按钮 🔳，如图 6-16 所示，即可扩大预览窗口。

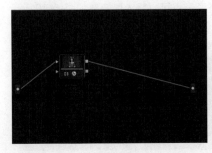

图 6-15

图 6-16

步骤07 将鼠标指针移至人物左肩处，单击，添加一个变形点，如图 6-17 所示。

步骤08 参照上述操作方法在人物的右肩添加第 2 个变形点，如图 6-18 所示。

图 6-17　　　　　　　　　　　　　　图 6-18

步骤09 拖曳人物左肩上的变形点进行微调，使人物身形变瘦，如图 6-19 所示。

步骤10 参照上述操作方法，拖曳人物右肩上的变形点进行微调，为人物瘦身，使其身形变得协调，如图 6-20 所示。

图 6-19　　　　　　　　　　　　　　图 6-20

6.3　人物磨皮　清纯女大学生

达芬奇的"Resolve FX 美化"滤镜组中有一个"美颜"效果，该效果可以对人物进行磨皮处理，去除人物皮肤上的瑕疵，使人物的皮肤看起来更光洁、更亮丽。图 6-21 所示为磨皮前后的效果对比。

图 6-21

步骤01 打开"清纯女大学生"项目文件，进入达芬奇的"剪辑"界面，如图 6-22 所示。

步骤02 在预览窗口中，查看打开项目的效果，如图 6-23 所示。

图 6-22

图 6-23

步骤03 切换至"调色"界面，在界面右上方单击"节点"按钮，展开"节点"面板，如图 6-24 所示。

步骤04 在界面右上方单击"特效库"按钮，展开"素材库"选项卡，在"Resolve FX 美化"滤镜组中选择"美颜"效果，如图 6-25 所示。

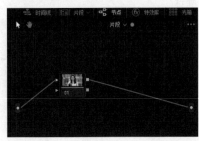

图 6-24

图 6-25

步骤05 按住鼠标左键，将"美颜"效果拖曳至"节点"面板中的 01 节点上，调色提示区中将显示一个滤镜图标，表示添加的滤镜效果，如图 6-26 所示。

步骤06 切换至"设置"选项卡，向右拖曳"Gamma"滑块至右端，设置参数为最大值，如图 6-27 所示。在预览窗口中可以查看人物磨皮后的效果。

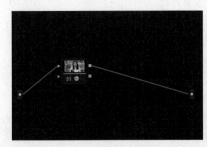

图 6-26

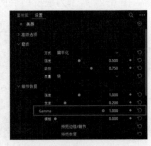

图 6-27

步骤 07 展开"曲线-自定义"面板，在曲线上单击，添加一个控制点，并按住鼠标左键向上拖曳，如图 6-28 所示，提高画面的亮度，使人物的皮肤更加白皙。

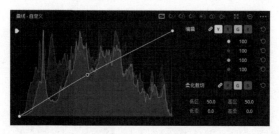

图 6-28

6.4 暗角艺术 盛放的水芙蓉

"暗角"是一个摄影术语，是指画面的中间部分较亮、4 个角渐暗的一种"老影像"艺术效果，能够突出画面中心。在达芬奇中，用户可以通过"Resolve FX 风格化"滤镜组中的"暗角"效果来实现。下面将介绍制作暗角艺术视频效果的操作方法。图 6-29 所示为添加暗角前后的效果对比。

图 6-29

步骤 01 打开"盛放的水芙蓉"项目文件，进入达芬奇的"剪辑"界面，如图 6-30 所示。

步骤 02 在预览窗口中，查看打开项目的效果，如图 6-31 所示。

图 6-30

图 6-31

步骤 03 切换至"调色"界面,在界面右上方单击"节点"按钮,展开"节点"面板,如图 6-32 所示。

步骤 04 在界面右上方单击"特效库"按钮,展开"素材库"选项卡,在"Resolve FX 风格化"滤镜组中选择"暗角"效果,如图 6-33 所示。

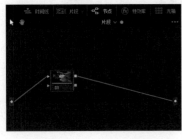
图 6-32

图 6-33

步骤 05 按住鼠标左键,将"暗角"效果拖曳至"节点"面板中的 01 节点上,调色提示区将显示一个滤镜图标,表示添加的滤镜效果,如图 6-34 所示。

步骤 06 切换至"设置"选项卡,设置"大小"参数为 0.661、"柔化"参数为 0.542,如图 6-35 所示。在预览窗口中可以查看所制作的暗角艺术视频效果。

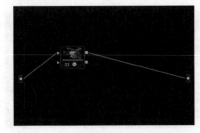
图 6-34

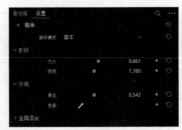
图 6-35

6.5 镜像翻转 盗梦空间效果

达芬奇的"Resolve FX 风格化"滤镜组中有一个"镜像"效果,该效果可以制作出"盗梦空间"效果。图 6-36 所示为添加镜像前后的效果对比。

图 6-36

步骤01 打开"盗梦空间效果"项目文件,进入达芬奇的"剪辑"界面,如图 6-37 所示。

步骤02 在预览窗口中,查看打开项目的效果,如图 6-38 所示。

图 6-37

图 6-38

步骤03 切换至"调色"界面,在界面右上方单击"节点"按钮,展开"节点"面板,如图 6-39 所示。

步骤04 在界面右上方单击"特效库"按钮,展开"素材库"选项卡,在"Resolve FX 风格化"滤镜组中选择"镜像"效果,如图 6-40 所示。

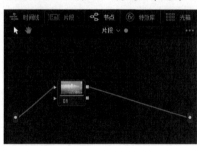

图 6-39

图 6-40

步骤05 按住鼠标左键,将"镜像"效果拖曳至"节点"面板中的 01 节点上,调色提示区将显示一个滤镜图标,表示添加的滤镜效果,如图 6-41 所示。

步骤06 在预览窗口中可以看到画面中出现了一个白色的控制柄,如图 6-42 所示。

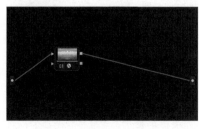

图 6-41

图 6-42

步骤 07 在预览窗口中，按住控制柄沿逆时针方向旋转90°，对画面进行镜像翻转，如图 6-43 所示。

步骤 08 切换至"设置"选项卡，设置"位置"Y参数为0.540，如图 6-44 所示。在预览窗口中可以查看所制作的视频效果。

图 6-43   图 6-44

6.6　镜头晃动　公司欢乐团建

达芬奇的"Resolve FX 变换"滤镜组中有一个"摄影机晃动"效果，该效果可以用于制作镜头晃动效果，如图 6-45 所示。

步骤 01 打开"公司欢乐团建"项目文件，进入达芬奇的"剪辑"界面，如图 6-46 所示。

步骤 02 在预览窗口中，查看打开项目的效果，如图 6-47 所示。

图 6-45

图 6-46   图 6-47

步骤 03 切换至"调色"界面，在界面右上方单击"节点"按钮，展开"节点"面板，如图 6-48 所示。

步骤 04 在界面右上方单击"特效库"按钮，展开"素材库"选项卡，在"Resolve FX 变换"滤镜组中选择"摄影机晃动"效果，如图 6-49 所示。

图 6-48 图 6-49

步骤 05 按住鼠标左键,将"摄影机晃动"效果拖曳至"节点"面板中的01 节点上,调色提示区将显示一个滤镜图标,表示添加的滤镜效果,如图 6-50所示。

步骤 06 切换至"设置"选项卡,设置"运动幅度"参数为 1.248、"运动速度"参数为 1.083,如图 6-51 所示。在预览窗口中可以查看所制作的视频效果。

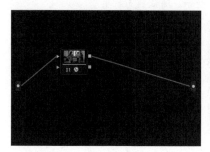

图 6-50 图 6-51

6.7 唯美光线 家乡田园风光

达芬奇的"Resolve FX 光线"滤镜组中有一个"射光"效果,该效果可以用于制作唯美的光线效果。图 6-52 所示为添加射光前后的效果对比。

图 6-52

103

第 6 章 滤镜效果:使视频更具表现力的滤镜效果

步骤 01 打开"家乡田园风光"项目文件，进入达芬奇的"剪辑"界面，如图 6-53 所示。

步骤 02 在预览窗口中，查看打开项目的效果，如图 6-54 所示。

图 6-53   图 6-54

步骤 03 切换至"调色"界面，在界面右上方单击"节点"按钮，展开"节点"面板，如图 6-55 所示。

步骤 04 展开"曲线-自定义"面板，在曲线上单击，添加一个控制点，并按住鼠标左键向下拖曳，如图 6-56 所示，降低画面的亮度。

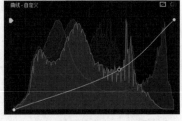

图 6-55   图 6-56

步骤 05 在"节点"面板中，添加一个编号为 02 的串行节点，如图 6-57 所示。

步骤 06 在界面右上方单击"特效库"按钮，展开"素材库"选项卡，在"Resolve FX 光线"滤镜组中选择"射光"效果，如图 6-58 所示。

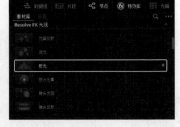

图 6-57   图 6-58

步骤 07 按住鼠标左键，将"射光"效果拖曳至"节点"面板中的 02 节点上，调色提示区将显示一个滤镜图标，表示添加的滤镜效果，如图 6-59 所示。

步骤 08 切换至"设置"选项卡，设置"源阈值"参数为 0.248、"位置"X 和 Y 参数分别为 0.377 和 1.390、"长度"参数为 0.422、"亮度"参数为 0.220，如图 6-60 所示。

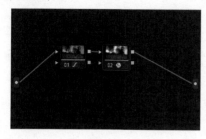

图 6-59　　　　　　　　　　　　图 6-60

步骤 09 执行操作后，在预览窗口中可以看到添加射光后的画面效果，如图 6-61 所示。

步骤 10 在"设置"选项卡中单击"色彩"选项右侧的色块，在打开的"选择颜色"对话框中，选取合适的颜色，并单击"OK"按钮保存操作，如图 6-62 所示。

图 6-61　　　　　　　　　　　　图 6-62

第 7 章

视频转场：为视频
添加转场效果

在影视后期特效的制作过程中，镜头之间的过渡或素材之间的转换称为转场。它使用一些特殊的效果，使素材与素材之间产生自然、流畅和平滑的过渡。本章主要介绍制作视频转场效果的操作方法。

7.1　叠化转场 春日出游短片

在达芬奇中，"交叉叠化"效果用于将素材 A 的不透明度由 100% 转变到 0%，将素材 B 的不透明度由 0% 转变到 100%，效果如图 7-1 所示。下面将介绍制作交叉叠化转场效果的操作方法。

图 7-1

步骤 01　打开"春日出游短片"项目文件，进入"剪辑"界面，如图 7-2 所示。

图 7-2

步骤 02　在"时间线"面板中选中素材 01，将鼠标指针移至素材 01 的末端，当鼠标指针呈修剪形状时，按住鼠标左键并向左拖曳，如图 7-3 所示；至合适位置后释放鼠标，如图 7-4 所示。

图 7-3

图 7-4

步骤 03　单击 V1 轨道中的空白区域，如图 7-5 所示，按 Delete 键删除。

步骤 04　参照上述操作方法，将余下的 5 段素材修剪至合适时长，并将音频修剪至与视频同长，如图 7-6 所示。

図 7-5 　　　　　　　　　　　　図 7-6

步骤 05　在"媒体池"面板的上方单击"特效库"按钮，如图 7-7 所示。

步骤 06　在"视频转场"选项卡的"叠化"效果组中，选择"交叉叠化"效果，如图 7-8 所示。

图 7-7 　　　　　　　　　　　　图 7-8

步骤 07　按住鼠标左键，将选择的转场效果拖曳至素材 01 和素材 02 之间，如图 7-9 所示。执行操作后，即可添加"交叉叠化"效果。

图 7-9

步骤 08　参照上述操作方法，在余下素材的中间和视频的开头、结尾处添加"交叉叠化"效果，如图 7-10 所示。

图 7-10

7.2　替换转场　古装人像混剪

　　本节主要介绍"替换"转场效果的操作方法。在达芬奇中，用户可以将选择的转场效果拖曳至两个视频素材中间进行替换，也可以在"时间线"面板中删除不满意的转场效果后，再添加新的转场效果。图7-11所示为"椭圆展开"效果示意。

图7-11

步骤01　打开"古装人像混剪"项目文件，进入"剪辑"界面，如图7-12所示。

步骤02　在工具栏中单击"放大"按钮，将轨道区域放大，可以看到素材上已经添加"三角形划像"效果，如图7-13所示。

图7-12

图7-13

步骤03　在"媒体池"面板的上方单击"特效库"按钮，如图7-14所示。

步骤04　展开"视频转场"|"光圈"选项卡，选择"椭圆展开"效果，如图7-15所示。

图7-14

图7-15

步骤 05 按住鼠标左键，将选择的转场效果拖曳至素材01和素材02之间，如图 7-16所示。执行操作后，即可替换原来的转场效果。

图 7-16

步骤 06 参照上述操作方法，替换余下素材中间的转场效果。

步骤 07 在"时间线"面板中单击视频起始位置的转场效果，如图 7-17所示，按 Delete 键删除。

步骤 08 在"视频转场"|"叠化"选项卡中，选择"交叉叠化"效果，按住鼠标左键，将选择的转场效果拖曳至视频的起始位置，如图 7-18所示。执行操作后，即可添加"交叉叠化"效果。

步骤 09 参照上述操作方法，将视频末端的"三角形划像"效果替换为"交叉叠化"效果。

图 7-17

图 7-18

7.3 光效转场 一年四季交替

在达芬奇中，在素材之间添加转场效果后，可以为转场效果设置相应的参数，控制转场的显示效果。下面将以光效转场为例，介绍具体的操作方法，效果如图 7-19所示。

图 7-19

步骤 01 打开"一年四季交替"项目文件,进入"剪辑"界面,如图 7-20 所示。

图 7-20

步骤 02 将鼠标指针移至素材01的末端,当鼠标指针呈修剪形状时,按住鼠标左键并向左拖曳,如图 7-21 所示;至合适位置后释放鼠标,如图 7-22 所示。

图 7-21

图 7-22

步骤 03 单击V1轨道中的空白区域,如图 7-23 所示,按Delete键删除。

步骤 04 参照上述操作方法将余下的3段素材修剪至合适时长,并将音频修剪至与视频同长,如图 7-24 所示。

图 7-23

图 7-24

步骤 05 在"媒体池"面板的上方单击"特效库"按钮,如图 7-25 所示。

步骤 06 展开"视频转场"|"Fusion转场"选项卡,选择"Brightness Flash"效果,如图 7-26 所示。

图 7-25   图 7-26

步骤 07 　按住鼠标左键，将选择的转场效果拖曳至素材01和素材02之间，如图 7-27 所示。执行操作后，即可添加"Brightness Flash"效果。

图 7-27

步骤 08 　参照上述操作方法，在余下素材之间和视频的结尾处添加"Brightness Flash"效果，如图 7-28 所示。

步骤 09 　在"时间线"面板中选中转场效果，展开"检查器"|"转场"面板，通过拖曳"明度"和"饱和度"滑块，设置"明度"参数为1.0、"饱和度"参数为3.98，如图 7-29 所示。

步骤 10 　参照步骤09的操作方法，将余下的转场效果的"明度"和"饱和度"参数都分别设置为1.0和3.98。

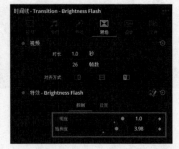

图 7-28   图 7-29

7.4 划像转场 怀旧复古人像

在达芬奇中，在素材之间添加转场效果后，可以为转场效果设置相应的边框样式，从而为转场效果锦上添花，还可以通过控制素材的入场时间，制作调色对比视频，效果如图7-30所示。

图 7-30

步骤 01 打开"怀旧复古人像"项目文件，进入"剪辑"界面，如图7-31所示。素材01是未调色的素材，素材02和素材03是调色后的素材。

步骤 02 在预览窗口中单击"播放"按钮▶播放视频，可以发现达芬奇软件优先播放最上方的素材，如图7-32所示。

图 7-31

图 7-32

步骤 03 将时间指示器移至希望素材02入场的位置，选中素材02，移动鼠标指针至素材02的起始位置，当鼠标指针呈修剪形状时，按住鼠标左键向右拖曳至时间指示器位置，如图7-33所示。

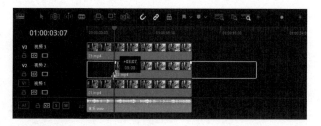

图 7-33

步骤 04 参照上述操作方法对素材03进行修剪，如图7-34所示。

步骤 05 展开"视频转场"|"划像"选项卡,选择其中的"边缘划像"效果,如图 7-35 所示。

图 7-34   图 7-35

步骤 06 按住鼠标左键,将选择的转场效果拖曳至素材02的起始位置,如图 7-36 所示。执行操作后,即可为素材02添加"边缘划像"效果。

步骤 07 选中"转场"效果,展开"检查器"|"转场"面板,设置"时长"参数为2.0、"角度"参数为90、"边框"参数为10.990,如图 7-37 所示。

步骤 08 参照步骤06和步骤07的操作方法,在素材03的起始位置添加"边缘划像"效果。

 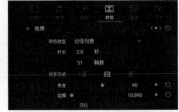

图 7-36   图 7-37

7.5 瞳孔转场 眼睛里的世界

在达芬奇中,灵活地使用软件自带的转场效果,可以制作出各种创意效果。例如,将"椭圆展开"效果与关键帧相结合,可以制作出炫酷的瞳孔转场效果,如图 7-38 所示。下面将讲解具体的操作方法。

图 7-38

步骤 01 打开"眼睛里的世界"项目文件，进入"剪辑"界面，如图 7-39 所示。将时间指示器移至01:00:02:01处，如图 7-40 所示。

图 7-39

图 7-40

步骤 02 在"时间线"面板中选中视频素材，展开"检查器"|"视频"面板，单击"缩放"和"位置"选项旁边的"关键帧"按钮，如图 7-41 所示。

步骤 03 将时间指示器移至视频素材的末端，如图 7-42 所示。

图 7-41

图 7-42

步骤 04 在"检查器"|"视频"面板中，设置"缩放"参数为21.580，设置"位置"X参数为－868.000，如图 7-43 所示。

步骤 05 将时间指示器移至01:00:01:08处，如图 7-44 所示。

图 7-43

图 7-44

步骤 06 在"媒体池"面板中选择素材02，按住鼠标左键将其拖曳至"时间线"面板中，置于素材01上方的V2轨道中。执行操作后，对素材02进行裁剪，使其末端与音频的末端对齐，如图 7-45 所示。

图 7-45

步骤 07 展开"视频转场"|"光圈"选项卡，选择其中的"椭圆展开"效果，如图 7-46 所示。

步骤 08 按住鼠标左键，将选择的转场效果拖曳至素材 02 的起始位置，如图 7-47 所示。执行操作后，即可添加"椭圆展开"效果。

图 7-46

图 7-47

步骤 09 在"时间线"面板中选中转场效果，如图 7-48 所示。

步骤 10 在"时间线"面板中单击"放大"按钮 ➕，将视频轨道放大，将时间指示器移至 01:00:01:11 处，如图 7-49 所示。

图 7-48

图 7-49

步骤 11 在"检查器"|"转场"面板中，勾选"羽化"复选框，并设置"时长"参数为 3.6、"中心偏移值" X 参数为 82.000、"边框"参数为 223.510、"转场曲线"参数为 0.107，如图 7-50 所示。

步骤 12 执行操作后，在预览窗口中可以看到素材 02 的画面被置于人物的眼球之中，如图 7-51 所示。

图 7-50   图 7-51

步骤 13 在预览窗口中播放视频预览效果，当视频播放至01:00:02:01处时，可以看到素材02的画面并未全部置于人物的眼球之中，如图 7-52 和图 7-53 所示。

图 7-52

图 7-53

步骤 14 在"检查器"|"转场"面板中，设置"边框"参数为124.580、"转场曲线"参数为0.153，如图 7-54 所示。

步骤 15 执行操作后，可以看到素材02的画面已全部置于人物的眼球之中，如图 7-55 所示。

图 7-54

图 7-55

步骤 16 在预览窗口中播放视频预览效果，当视频播放至01:00:02:17处时，可以看到素材02的画面并未铺满人物的眼球，需要将其放大，如图 7-56 和图 7-57 所示。

图 7-56

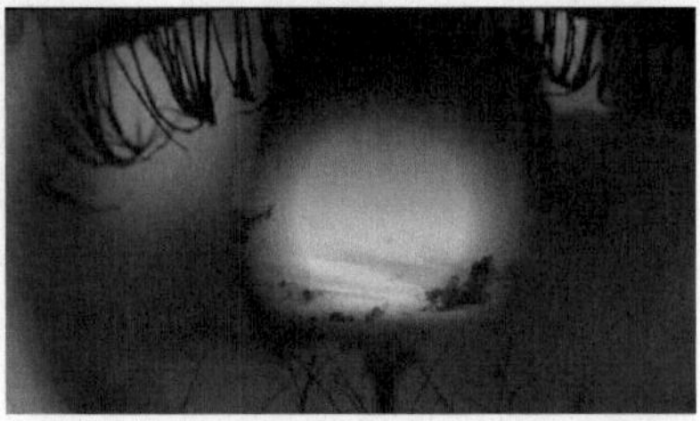

图 7-57

步骤 17 在"检查器"|"转场"面板中，设置"边框"参数为257.280、"转场曲线"参数为0.510，如图 7-58所示。

步骤 18 执行操作后，可以看到素材02的画面已被放大，如图 7-59所示。

图 7-58

图 7-59

7.6 遮罩转场 从现代到古代

如果画面中出现了横梁、栏杆等物体，或者某个时刻镜头中只出现了某一物体，那么可以使用"蒙版"和"关键帧"配合画面中的这些物体，制作遮罩转场效果。本节将制作一个通过栏杆进行转场的视频，对遮罩转场的应用效果进行讲解说明，效果如图 7-60所示。

图 7-60

步骤 01 打开"从现代到古代"项目文件，进入"剪辑"界面，如图 7-61所示。

步骤 02 切换至"调色"界面，在"检查器"面板中将播放滑块拖曳至01:00:06:10处，即素材画面中的第2个栏杆出现的位置，如图 7-62所示。

图 7-61

图 7-62

步骤 03 单击“关键帧”按钮，展开“关键帧”面板，在面板中单击“校正器 1”左侧的“关键帧”按钮，如图 7-63 所示。

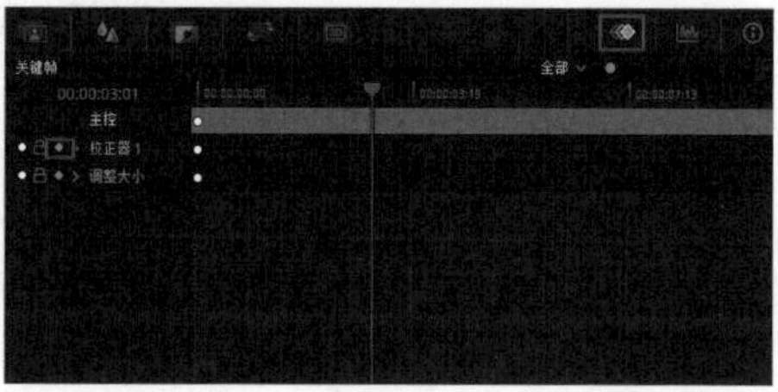

图 7-63

步骤 04 展开“窗口”面板，选择“四边形”工具，单击“反向”按钮，如图 7-64 所示。执行操作后，预览窗口中的素材画面上会出现一个矩形蒙版，如图 7-65 所示。

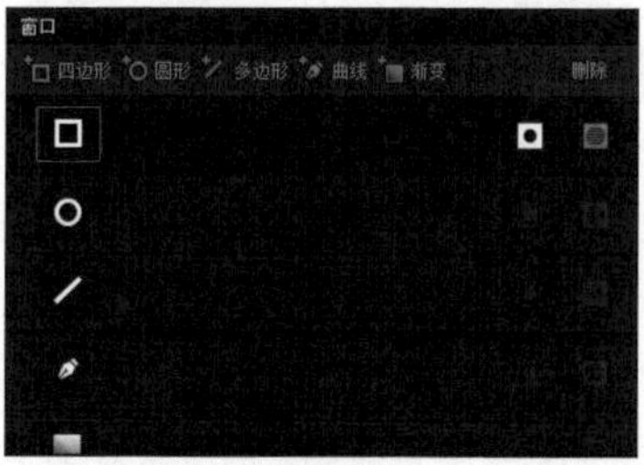

图 7-64

图 7-65

步骤 05 在预览窗口中调整好蒙版的大小和位置，使其沿遮罩物的边缘将遮罩物右侧的画面框住，如图 7-66 所示。

图 7-66

步骤 06 在"检查器"面板中将播放滑块拖曳至01:00:06:14处,在预览窗口根据遮罩物的变化调整蒙版的大小,使其将遮罩物右侧的画面框住,如图 7-67 所示。

图 7-67

步骤 07 参照步骤 05 和步骤 06 的操作方法,根据遮罩物的变化调整蒙版的大小,直至遮罩物消失在画面中,蒙版将整个画面框住,如图 7-68 所示。

图 7-68

步骤 08 在"检查器"面板中将播放滑块拖曳至视频的起始位置,将蒙版移出画面,如图 7-69 所示。执行操作后,播放视频,观察蒙版的变化是否与遮罩物的运动路径相吻合。

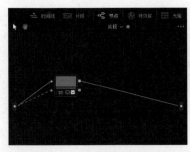

图 7-69

120

步骤 09 展开"节点"面板,将 01 节点上的"键输入"图标与"源"图标相连,如图 7-70 所示。

步骤 10 在"节点"面板的空白位置单击鼠标右键,在弹出的快捷菜单中选择"添加 Alpha 输出"选项,如图 7-71 所示。

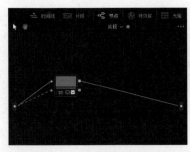

图 7-70

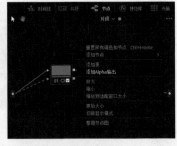

图 7-71

步骤 11 执行操作后，即可在面板中添加一个"Alpha 最终输出"图标，如图 7-72 所示。

步骤 12 将 01 节点上的"键输出"图标与"Alpha 最终输出"图标相连，如图 7-73 所示。

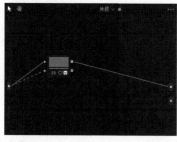 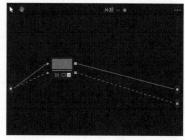

图 7-72   图 7-73

步骤 13 在预览窗口中，可以查看应用 Alpha 通道的初步效果，如图 7-74 所示。

步骤 14 切换至"剪辑"界面，将素材 01 移至 V2 轨道上。在"媒体池"面板中选择素材 02，将其拖曳至"时间线"面板中，置于 V1 轨道上，如图 7-75 所示。

图 7-74   图 7-75

步骤 15 在"时间线"面板中选中素材 02，按快捷键 Ctrl+R 打开变速控制条，将鼠标指针移至素材的上方，按住鼠标左键向左拖曳，直至素材 02 缩短至与素材 01 同长，如图 7-76 所示。

步骤 16 执行操作后，可以在预览窗口中查看制作的遮罩转场效果，如图 7-77 所示。

图 7-76   图 7-77

第 8 章

字幕效果：制作
视频字幕效果

　　字幕在视频中是不可缺少的，它是影片的重要组成部分。在影片中加入一些说明性的文字，能够有效地帮助观众理解影片的含义。本章主要介绍制作视频字幕效果的各种方法，帮助读者学习如何轻松制作出各种精美的字幕效果。

8.1 添加字幕 休闲食品广告

在达芬奇中添加字幕的方法很简单，在"剪辑"界面中单击"特效库"按钮，展开"标题"|"字幕"选项卡，选择需要使用的字幕样式，将其拖曳至"时间线"面板中，即可生成字幕文件。下面介绍为视频添加字幕的操作方法，效果如图8-1所示。

图 8-1

步骤 01 打开"休闲食品广告"项目文件，进入"剪辑"界面，如图8-2所示。

步骤 02 在预览窗口中，可以查看打开项目的效果，如图8-3所示。

图 8-2

图 8-3

步骤 03 在"剪辑"界面的左上方单击"特效库"按钮，如图8-4所示；展开"标题"|"字幕"选项卡，如图8-5所示。

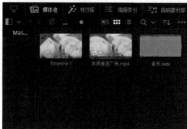

图 8-4

图 8-5

步骤 04 在"标题"|"字幕"选项卡中选择"文本"字幕样式，如图 8-6 所示。

步骤 05 按住鼠标左键，将"文本"字幕样式拖曳至"时间线"面板中。执行操作后，即可在 V2 轨道上添加一个字幕文件，如图 8-7 所示。

图 8-6   图 8-7

步骤 06 在预览窗口中，可以查看添加的字幕效果，如图 8-8 所示。

步骤 07 在"检查器"|"视频"面板的"标题"选项卡的"多信息文本"编辑框中，输入文字"美味奶枣"，如图 8-9 所示。

图 8-8   图 8-9

步骤 08 在面板下方，设置"字体系列"为"华文彩云"，设置"字距"参数为 58、"位置" X 参数为 1458.000、"位置" Y 参数为 893.000、"缩放"参数为 1.530，如图 8-10 所示。执行操作后，在预览窗口中可以查看制作的视频标题效果，如图 8-11 所示。

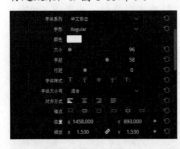

图 8-10   图 8-11

步骤 09 将鼠标指针移至字幕文件的末端，按住鼠标左键向右拖曳至视频末端，释放鼠标，即可调整字幕区间长度，如图 8-12 所示。

图 8-12

■■ **提示**

　　达芬奇中可以使用的字体类型取决于用户在 Windows 系统中安装的字体。如果要在达芬奇中使用更多的字体，就需要先在系统中添加相应字体。

8.2　字幕大小　校园毕业旅行

　　字幕的大小是指其字号，不同的字号对视频的美观程度有一定的影响。下面介绍在达芬奇中更改视频标题字号的操作方法，效果如图 8-13 所示。

图 8-13

步骤 01　打开"校园毕业旅行"项目文件，进入"剪辑"界面，如图 8-14 所示。

步骤 02　在预览窗口中，可以查看打开项目的效果，如图 8-15 所示。

图 8-14

图 8-15

步骤 03　展开"标题"|"字幕"选项卡，选择"文本"字幕样式，如图 8-16 所示。

步骤 04　按住鼠标左键，将"文本"字幕样式拖曳至"时间线"面板中。执行操作后，即可在 V2 轨道上添加一个字幕文件，如图 8-17 所示。

图 8-16

图 8-17

步骤 05　在预览窗口中，可以查看添加的字幕效果，如图 8-18 所示。

步骤 06　在"检查器"|"视频"面板的"标题"选项卡的"多信息文本"编辑框中，输入文字"洱海记忆"，并设置"字体系列"为"华文行楷"，如图 8-19 所示。

图 8-18

图 8-19

步骤 07　在面板下方，设置"大小"参数为 201、"字距"参数为 3、"位置"X 参数为 931.000、"位置"Y 参数为 709.000，如图 8-20 所示。执行操作后，在预览窗口中可以查看制作的视频标题效果，如图 8-21 所示。

图 8-20

图 8-21

步骤 08 在"检查器"|"视频"面板的"标题"选项卡的"多信息文本"编辑框中，选中"洱"字，并设置"大小"参数为290，如图 8-22所示。执行操作后，在预览窗口中可以查看更改"大小"参数后的字幕效果，如图 8-23所示。

图 8-22

图 8-23

步骤 09 参照步骤03至步骤07的操作方法，为视频添加"校园毕业旅行记录"字幕，并设置"字体系列"为"华文隶书"，设置"大小"参数为78、"字距"参数为28、"位置"X参数为952.000、"位置"Y参数为542.000，如图 8-24所示。执行操作后，在预览窗口中可以查看所制作的视频标题效果，如图 8-25所示。

图 8-24

图 8-25

步骤 10 将鼠标指针移至字幕文件的末端，按住鼠标左键并向左拖曳，使其长度与素材01的长度保持一致，如图 8-26所示。参照上述操作方法调整V3轨道上字幕文件的区间长度，使其长度与素材01的长度保持一致。

图 8-26

■ **提示**

在轨道上添加字幕文件后，调整其区间长度，可以控制字幕的播放时长。

8.3 字幕颜色 我的旅行日记

在达芬奇中，用户可以根据素材与字幕的匹配度，更改字幕的颜色。给字幕添加相匹配的颜色，可以让制作的影片更具观赏性，效果如图 8-27 所示。

图 8-27

步骤 01 打开"我的旅行日记"项目文件，进入"剪辑"界面，如图 8-28 所示。

步骤 02 在预览窗口中，可以查看打开项目的效果，如图 8-29 所示。

图 8-28

图 8-29

步骤 03 展开"标题"|"字幕"选项卡，选择"文本"字幕样式，如图 8-30 所示。

步骤 04 按住鼠标左键，将"文本"字幕样式拖曳至"时间线"面板中。执行操作后，即可在 V2 轨道上添加一个字幕文件，如图 8-31 所示。

图 8-30

图 8-31

步骤 05 在预览窗口中，可以查看添加的字幕效果，如图 8-32 所示。

步骤 06 在"检查器"|"视频"面板的"标题"选项卡的"多信息文本"编辑框中，输入文字"旅行日记"，并设置"字体系列"为"华文中宋"，如图 8-33 所示。

图 8-32 图 8-33

步骤 07 在面板下方，设置"大小"参数为195、"字距"参数为25、"位置"X参数为1406.000、"位置"Y参数为653.000，如图 8-34 所示。执行操作后，在预览窗口中可以查看制作的视频标题效果，如图 8-35 所示。

图 8-34 图 8-35

步骤 08 参照步骤03至步骤07的操作方法，为视频添加"TRAVEL JOURNAL"字幕，并设置"字体系列"为"华文中宋"，设置"大小"参数为83、"字距"参数为1、"位置"X参数为1395.000、"位置"Y参数为496.000，如图 8-36 所示。执行操作后，在预览窗口中可以查看制作的视频标题效果，如图 8-37 所示。

图 8-36 图 8-37

步骤 09 在"检查器"|"视频"面板的"标题"选项卡中，单击"颜色"选项右侧的色块，如图 8-38 所示。

步骤 10 在打开的"选择颜色"对话框的"基本颜色"选项区中，选择第4排第6个色块，单击"OK"按钮，如图 8-39 所示。执行操作后，即可将字幕颜色更改为橘色。

图 8-38

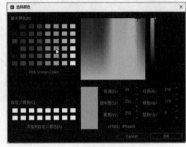

图 8-39

步骤 11 将鼠标指针移至字幕文件的末端，按住鼠标左键并向左拖曳，使其长度与素材01的长度保持一致，如图 8-40 所示。参照上述操作方法调整V3轨道上的字幕文件，使其长度与素材01的长度保持一致。

图 8-40

■■■ 提示

打开"选择颜色"对话框，可以通过4种方式设置颜色。第1种是在"基本颜色"选项区中选择需要的色块；第2种是在右侧的色彩选取框中选取颜色；第3种是在"自定义颜色"选项区中添加用户常用的或喜欢的颜色，然后选择需要的色块即可；第4种是通过修改"红色""绿色""蓝色"等参数来定义颜色。

8.4 字幕投影 新年祝福视频

在达芬奇中，为了使字幕的样式更加丰富多彩，用户可以为字幕设置投影效果。下面介绍制作字幕投影效果的操作方法，效果如图 8-41 所示。

图 8-41

步骤 01 打开"新年祝福视频"项目文件，进入"剪辑"界面，如图 8-42 所示。

步骤 02 在预览窗口中，可以查看打开项目的效果，如图 8-43 所示。

图 8-42

图 8-43

步骤 03 展开"标题"|"字幕"选项卡，选择"文本"字幕样式，如图 8-44 所示。

步骤 04 按住鼠标左键，将"文本"字幕样式拖曳至"时间线"面板。执行操作后，即可在 V2 轨道上添加一个字幕文件，如图 8-45 所示。

图 8-44

图 8-45

第 8 章 字幕效果：制作视频字幕效果

步骤 05 在预览窗口中，可以查看添加的字幕效果，如图 8-46 所示。

步骤 06 在"检查器"|"视频"面板的"标题"选项卡的"多信息文本"编辑框中输入文字"新年快乐"，并设置"大小"参数为 288、"字距"参数为 15，如图 8-47 所示。

图 8-46

图 8-47

步骤 07 在"检查器"|"视频"面板的"标题"选项卡中，单击"颜色"选项右侧的色块，弹出"选择颜色"对话框，在色彩选取框中选择紫色，单击"OK"按钮，如图 8-48 所示。执行操作后，在预览窗口中可以查看制作的字幕效果，如图 8-49 所示。

图 8-48

图 8-49

132

步骤 08 在"检查器"|"视频"面板的"标题"选项卡的"投影"选项区中，单击"色彩"选项右侧的色块，如图 8-50 所示；弹出"选择颜色"对话框，在色彩选取框中选择浅紫色，单击"OK"按钮，如图 8-51 所示。

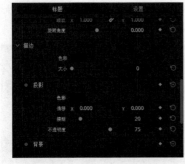

图 8-50

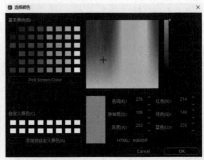

图 8-51

步骤 09 在"投影"选项区中，设置"偏移"X参数为19.000、"偏移"Y参数为17.000、"模糊"参数为25、"不透明度"参数为100，如图 8-52 所示。执行操作后，在预览窗口中可以查看制作的字幕效果，如图 8-53 所示。

图 8-52

图 8-53

步骤 10 将鼠标指针移至字幕文件的末端，按住鼠标左键并向右拖曳，使其长度和视频的长度保持一致，如图 8-54 所示。

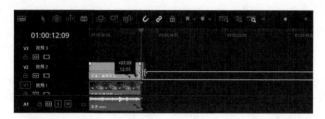

图 8-54

8.5 字幕背景 萌娃日常记录

在达芬奇中，用户可以根据需要设置字幕的背景颜色，使字幕更加醒目和美观。下面将介绍具体的操作方法，效果如图 8-55 所示。

图 8-55

步骤01 打开"萌娃日常记录"项目文件，进入"剪辑"界面，如图 8-56 所示。

步骤02 在预览窗口中，可以查看打开项目的效果，如图 8-57所示。

图 8-56

图 8-57

步骤03 展开"标题"|"字幕"选项卡，选择"文本"字幕样式，按住鼠标左键将"文本"字幕样式拖曳至"时间线"面板中。执行操作后，即可在 V2轨道上添加一个字幕文件，如图 8-58所示。

步骤04 在"检查器"|"视频"面板的"标题"选项卡的"多信息文本"编辑框中输入文字"萌娃"，并设置"字体系列"为"华文楷体"，如图 8-59 所示。

图 8-58

图 8-59

■ **提示**

以上述"萌娃"字幕为例，在编辑框中输入"萌"字后，按Enter键换行，继续输入"娃"字，即可使字幕在视频画面中竖向排列。

步骤05 参照步骤03和步骤04的操作方法，在轨道中添加"日常"和"2023/5/1"字幕，如图 8-60所示。

图 8-60

步骤 06 在"时间线"面板中选中"萌娃"字幕,在"检查器"|"视频"面板的"标题"选项卡中,设置"大小"参数为133、"行距"参数为 - 40、"位置"X参数为319.000、"位置"Y参数为788.000,如图8-61所示。

图 8-61

步骤 07 在"时间线"面板中选中"日常"字幕,在"检查器"|"视频"面板的"标题"选项卡中,设置"大小"参数为133、"行距"参数为 - 40、"位置"X参数为453.000、"位置"Y参数为652.000,如图8-62所示。

步骤 08 在"时间线"面板中选中"2023/5/1"字幕,在"检查器"|"视频"面板的"标题"选项卡中,设置"大小"参数为60、"字距"参数为 - 8、"位置"X参数为253.000、"位置"Y参数为610.000,如图8-63所示。

图 8-62 图 8-63

步骤 09 在"检查器"|"视频"面板的"标题"选项卡的"背景"选项区中,单击"色彩"选项右侧的色块,如图8-64所示;弹出"选择颜色"对话框,在"基本颜色"选项区中,选择红色色块(第4排第2个),单击"OK"按钮,如图8-65所示。

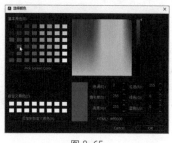

图 8-64 图 8-65

步骤10 在"背景"选项区中，设置"宽度"参数为0.141、"高度"参数为0.078、"边角半径"参数为0.000、"中心"X参数为 – 3.000、"中心"Y参数为8.000、"不透明度"参数为78，如图 8-66所示。执行操作后，在预览窗口中可以查看制作的字幕效果，如图 8-67所示。

图 8-66

图 8-67

步骤11 将鼠标指针移至字幕文件的末端，按住鼠标左键并向左拖曳，使其长度和素材01的长度保持一致，如图 8-68所示。参照上述操作方法调整V3和V4轨道上的字幕文件，使其长度和素材01的长度保持一致。

图 8-68

8.6 突出显示 中秋古风短片

在为视频添加字幕时，用户可以使用放大字幕或者更换字幕颜色等方式来突显重点内容。下面将介绍突出显示字幕的具体操作方法，效果如图 8-69所示。

图 8-69

步骤 01 打开"中秋古风短片"项目文件，进入"剪辑"界面，如图 8-70 所示。

步骤 02 在预览窗口中，可以查看打开项目的效果，如图 8-71 所示。

图 8-70

图 8-71

步骤 03 在"时间线"面板中选中第一个字幕文件，展开"检查器"|"视频"面板的"标题"选项卡，设置"字体系列"为"华文仿宋"，设置"大小"参数为 88、"字距"参数为 28，如图 8-72 所示。执行操作后，在预览窗口中可以查看制作的字幕效果，如图 8-73 所示。

图 8-72

图 8-73

步骤 04 在"多信息文本"编辑框中选中"月"字，并设置"大小"参数为 138，如图 8-74 所示。执行操作后，在预览窗口中可以查看制作的字幕效果，如图 8-75 所示。

图 8-74

图 8-75

步骤 05 在"多信息文本"编辑框中选中"中秋"文字，单击"颜色"选项右侧的色块，如图 8-76 所示；弹出"选择颜色"对话框，在"基本颜色"选项区中，选择适合的色块，单击"OK"按钮，如图 8-77 所示。

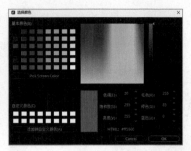

图 8-76　　　　　　　　　　　　　　　　图 8-77

步骤 06　　参照步骤03至步骤05的操作方法调整余下字幕的大小和颜色，效果如图 8-78所示。

图 8-78

8.7　淡入淡出　淘宝主图视频

淡入淡出是指字幕以淡入淡出的方式显示或消失的动画效果。下面介绍制作淡入淡出字幕效果的方法，效果如图 8-79所示。

图 8-79

步骤 01 打开"淘宝主图视频"项目文件，进入"剪辑"界面，如图 8-80 所示。

步骤 02 在预览窗口中，可以查看打开项目的效果，如图 8-81 所示。

图 8-80

图 8-81

步骤 03 选中轨道中的第一个字幕文件，展开"检查器"|"视频"面板的 "标题"选项卡，如图 8-82 所示。单击"设置"按钮，切换至"设置"选项卡，如图 8-83 所示。

图 8-82

图 8-83

步骤 04 在"检查器"|"视频"面板的"设置"选项卡的下方，将"不透明度"参数设置为 0.00，如图 8-84 所示。

步骤 05 单击"不透明度"选项右侧的"关键帧"按钮，添加第 1 个关键帧，如图 8-85 所示。

图 8-84

图 8-85

步骤 06 在"时间线"面板中，将时间指示器拖曳至 01:00:00:20 处，如图 8-86 所示。

步骤07 在"检查器"|"视频"面板的"设置"选项卡中,将"不透明度"参数设置为100.00,如图 8-87所示。执行操作后,即可自动添加第2个关键帧。

图 8-86

图 8-87

步骤08 在"时间线"面板中,将时间指示器拖曳至01:00:04:14处,如图8-88所示。

步骤09 在"检查器"|"视频"面板的"设置"选项卡中,单击"不透明度"选项右侧的"关键帧"按钮◆,添加第3个关键帧,如图8-89所示。

图 8-88

图 8-89

步骤10 在"时间线"面板中,将时间指示器拖曳至01:00:05:06处,如图8-90所示。

步骤11 在"检查器"|"视频"面板的"设置"选项卡中,将"不透明度"参数设置为0.00,即可自动添加第4个关键帧,如图8-91所示。执行操作后,在预览窗口中可以查看字幕淡入淡出的效果。

图 8-90

图 8-91

步骤 12 参照步骤04至步骤11的操作方法，为第2段字幕制作淡入淡出效果，效果如图 8-92 所示。

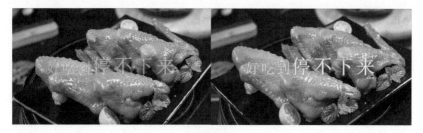

图 8-92

8.8 滚动字幕 电影片尾字幕

当一部影片播放完毕后，片尾通常会显示这部影片的演员、制片人、导演等信息，这种滚动字幕在达芬奇中也能制作。下面将介绍具体的操作方法，效果如图 8-93 所示。

图 8-93

步骤 01 打开"电影片尾字幕"项目文件，进入"剪辑"界面，如图 8-94 所示。

步骤 02 在预览窗口中，可以查看打开项目的效果，如图 8-95 所示。

图 8-94

图 8-95

步骤 03 展开"标题"|"字幕"选项卡，选择"滚动"字幕样式，如图 8-96 所示。

步骤 04 将"滚动"字幕样式添加至"时间线"面板中，即可在 V2 轨道上添加一个字幕文件，将字幕文件延长至和视频同长，如图 8-97 所示。

图 8-96　　　　　　　　　　　　　图 8-97

步骤 05 选中字幕文件，展开"检查器"|"视频"面板的"标题"选项卡，在"文本"编辑框中输入滚动字幕的内容，如图 8-98 所示。

步骤 06 在"检查器"|"视频"面板的"标题"选项卡的下方，设置"字体"为"华文楷体"、"大小"参数为45、"对齐方式"为居中，如图 8-99 所示。

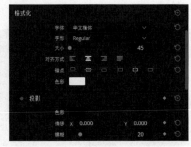

图 8-98　　　　　　　　　　　　　图 8-99

步骤 07 在预览窗口的下方单击"变换"按钮 🔳，如图 8-100 所示。

步骤 08 在预览窗口中将字幕素材拖曳至视频画面的右侧，如图 8-101 所示。

图 8-100　　　　　　　　　　　　　图 8-101

步骤 09 在"时间线"面板中选中视频素材，展开"检查器"|"视频"面板，单击"缩放"选项右侧的"关键帧"按钮■，添加第1个关键帧，如图 8-102 所示。

步骤 10 在"时间线"面板中，将时间指示器拖曳至01:00:03:00处，如图 8-103 所示。

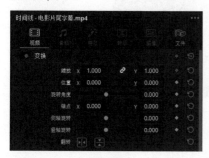

图 8-102

图 8-103

步骤 11 在预览窗口中，将视频画面缩小，即可自动添加第2个关键帧，如图 8-104 所示。

步骤 12 在"检查器"|"视频"面板中，单击"位置"选项右侧的"关键帧"按钮■，添加第3个关键帧，如图 8-105 所示。

图 8-104

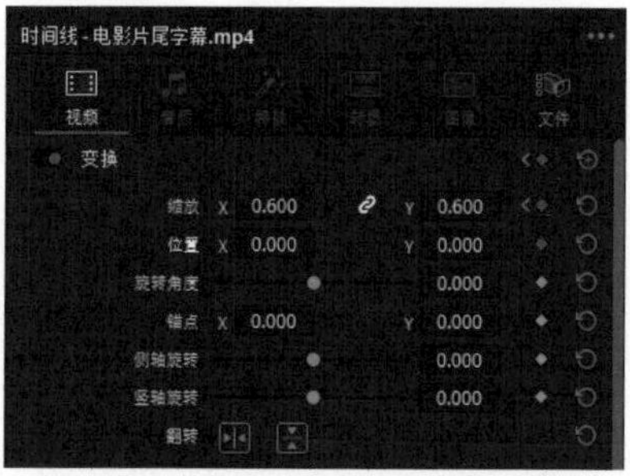

图 8-105

步骤 13 在"时间线"面板中，将时间指示器拖曳至01:00:06:00处，如图 8-106 所示。

图 8-106

步骤 14 在预览窗口中，将视频画面移至左侧，即可自动添加第 4 个关键帧，如图 8-107 所示。

图 8-107